王大纯　著

从没有
白费的努力，
也没有
碰巧的成功

江西教育出版社
JIANGXI EDUCATION PUBLISHING HOUSE

图书在版编目（CIP）数据

从没有白费的努力，也没有碰巧的成功 / 王大纯著 .
-- 南昌 ：江西教育出版社， 2017.8
ISBN 978-7-5392-9763-7

Ⅰ. ①从… Ⅱ. ①王… Ⅲ. ①成功心理－通俗读物
Ⅳ. ① B848.4-49

中国版本图书馆 CIP 数据核字（2017）第 218445 号

从没有白费的努力，也没有碰巧的成功
CONGMEIYOU BAIFEI DE NULI
YEMEIYOU PENGQIAO DE CHENGGONG
王大纯　著

江西教育出版社出版
（南昌市抚河北路 291 号　邮编：330008）
各地新华书店经销
河北鹏润印刷有限公司印刷
880mm×1230mm　32 开本　8.5 印张　200 千字
2017 年 11 月第 1 版　2017 年 11 月第 1 次印刷
ISBN 978-7-5392-9763-7
定价：36.00 元

赣教版图书如有印制质量问题，请向我社调换　电话：0791-86710427
投稿邮箱：JXJYCBS@163.com　电话：0791-86705643
网址：http://www.jxeph.com

CONTENTS

目　录

第一章　能让你耀眼的，从来不是别人

第三章　你这么拼，是为了配得上更好的人

第四章 用实力和这个世界对话

第一章

能让你耀眼的，从来不是别人

能让你耀眼的，从来不是别人

我刚来北京工作的时候，进入一家小小的创业公司。老板姐姐是从一家很成功的公司走出来独自做事的海归，程序员小哥有BAT背景和丰富的工作经验。

当时我在做文案工作，需要写一些文章，老板姐姐就会经常讲一些事情给我听。

有一次她说，她的一个朋友，本来在一家很出名的媒体平台做记者，很多公司会把他们的产品争先恐后地给他送来，等他试用完了之后写一些测评发布在平台上。有一天他离职了，很多说要送来的东西都没有下文了，甚至连刚要到手的单车都被收回去了。

他感觉落差很大，原来自己脱离了这个平台，就什么都不是了。

老板姐姐对程序员小哥说，自己从公司出来的时候也体验到这种感觉了，但是终究还是不能依赖这些，还是要踏踏实实做事，不能让公司成为自己的品牌，而是要让自己成为公司的品牌，这样不管走到哪儿都不怕。

这算是我走上工作岗位，正式进入社会之后上的职场第一课——不管你在什么地方工作就职，这个平台只是为你提供了一个环境，为你提供了一个机会，它一开始会让你耀眼、实现一点价值，可是要想永远有价值，还是要靠自己。

有时候，我们可能要在短暂辉煌又虚假的光芒里问问自己，如果没有了这个平台，抛去平台的光环我们还剩下什么。

我们前期是需要借力，需要一个好的平台来施展抱负、展示能力，但是不可能借了几次力就一劳永逸，因为最终依靠的还是自己。平台再厉害，也还是要不断提升，让自己具有绝对的核心竞争力。

在《欢乐颂》里，刘涛扮演的安迪能被老总高薪挖来，主要是因为安迪强大的工作能力，而不单单是她曾就职于华尔街哪家公司。如果她只有公司的职位，却没有匹配甚至超过这个职位的战斗力，谁还会花巨资请她过来呢？

所以她可以一入职新公司，就将整个公司的情况摸透看透，能迅速地对症下药，让下属流汗，让上司满意。

重要的根本不是她在哪家公司，而是哪家公司有她。

这种有能力的人，跑到哪里去都自带光芒，甚至自带出场掌声。这种人也绝对不是只出现在电视剧里。

因为最近喜欢摄影，我关注了很多独立摄影师，看他们能全球各地旅拍，每到一个地方就有很多人排队等着安排档期。他们的拍摄技术和修图技术，可以让他们自己成为自己的品牌，自己成为自己的营销点。

但是如果一个拍得很一般的摄影师，就算在一家很有名气的工作室工作，只靠着这些名气过活就什么都不再学习，也不改进了，出了这家工作室，他依然什么都不是。可能就算没有离职，大家去拍照的时候也会避开不选他。

最害怕的，其实是被借来的光迷了眼睛。

我现在的老板也给我上过一堂课，她说，很多时候，工作赚钱这种事情，真的不是你找工作、你去赚钱，而是工作来找你、钱要你去赚。

我当时用浅薄的工作经验仔细地理解了一下，大概就是，就像文案这种工作吧，可能你觉得进入一个很棒的公司就够了，可能写 30 年也只是一个写文案的，并不会有什么变化，但是当你把文案写出个人特色，磨炼到作家水准、大师级别，那个时候就不是你在哪家公司写文案了，而是哪家公司找你写文案、写书、写剧本，因为你本身的能力在召唤。

很多工作、职业同样适用这一点。

就像现在炒得很热的“IP 论”一样，这不是没有道理的，人们不会被外壳感动，只会被核心征服。因为能让我们耀眼的，从来都是我们自己。

不过我们周围也有很多人，因为自己考入了机关、国企或者大企业而沾沾自喜，觉得能进入这里就是自己有本事，能进来这里就够了，说话都自带着一种优越感。

有些姑娘，或是嫁了一个优秀的男人，成了谁谁的太太，冠以夫姓就觉得不用再在自己身上下什么功夫，觉得自己走路都带风。

这些人，往往是除了这一个身份，就再也没有什么特长。他们看起来是众星捧着的月亮，但月亮是靠太阳发光，可我们所处的环境并不会像太阳那样永恒。

如果你“幸运”，太阳的光可以跟你一辈子，只是不是所有人都是幸运儿。

在社会里立足，尤其是在这个时代立足，相比身份，我们更需要一种能力，这种能力不是那种只能单独依靠一个平台才能发挥的能力，而是把你随便丢到哪里，都能一路向上跑得起劲的本事。

这种本事或许是有广泛的人脉、强大的社交，或是有扎实的专业知识和永不落后的学习技巧，也或许是有能把大家团结在一起的个人魅力和出色的管理经验。

我们需要不断地强化自己，不为任何环境故步自封，也不能有一天发现，好像除了这个工作平台，自己就真的什么都没有了。

最后记得问问自己：抛去正在依托的平台，你还有什么能让自己耀眼？

我正在努力，别问我“然后呢”

我刚到北京半年的时候，认识了一个小姑娘，她当时只有19岁，知道自己要干什么、想干什么，和她聊天，她的语气里都是略带幼稚的成熟，毫不掩饰自己对生活的欲望和野心。

我觉得真好啊，能在那么年轻的时候，就找到一些有意思的事去做。

我19岁的时候也一样，算是一个十足的野心少女，也从来不掩饰自己的物质欲，我说我想要，那我就是想要，不管多难，我都愿意付出，苦点儿累点儿，只要我想要，只要我觉得值得。

可是之前的朋友，或者一些有直男癌嫌疑的男性朋友会问到我以后有什么打算，我如实相告之后，他们会说，哦，你一个女孩子，那么努力那么拼命，然后呢？还不是要嫁人，还不是要在家生孩子、看孩子，何必那么累呢？

关于“你是个女孩子，你不用那么努力”的言论，我觉得大家很可能听得比我还要多。很多人也就是听听罢了，该走自己的还走自己的，该回头吃苦还吃苦，不会做什么争论。但是那个时候我还幼稚，也有点女权主义至上，觉得这样的言论就是侮辱女性侮辱我，一定要和他们争辩个明白，费尽口舌去说服他们，就差逼着他们亲口说出“当女孩子开始努力也可以一样很厉害”的话来。

不过每一次这样的嘴仗，我都是输的，因为每次他们都会说，你还是个学生，一点都不了解现实，现实生活和你的校园生活差远了，等你真正走到社会里，你就不会这样想了，其实女孩努力不努力的，根本不重要。

那个时候我不知道到底怎么反驳这个结论，因为他的前提是成立的，我确实还是个学生妹，空有一身比男人还要可怕的欲望，就算偶尔兼职，也只是见识了现实里的一点点小浪花而已。

然后我学会了闭嘴，不是我心虚觉得自己坚持不了太久，也不是怕自己在成长的过程里把所有不甘心都磨掉，而是因为我觉得再说不过他们，就可能要气到和他们绝交。

毕竟那个年纪，我浑身都是“你们谁也不能小瞧我”的自负，那个时候也不懂啊，别人说你两句、评论你两句，你只要装着听不到，也不懂“看透不说透就还是好朋友”这个道理。

大三的时候，我去我家当地的一所高中实习做语文老师和班主任助理，很多学生的想法都是上不了大学也没什么呀，不用努力也没什么呀，反正我爸爸妈妈会帮我找一个不错的工作，甚至是就算你上完大学想得也得不到的职位。

那个时候我特别着急，尤其是看到一些女孩子，上课用卷发棒卷刘海，连课本都不会拿出来，讨论老师的头发，讨论老师的裙子，讨论隔壁班的男孩子，讨论下课吃什么，就是不会好好听讲。

可能她们的爸爸妈妈早已经做好了做“接盘侠”的准备，就算没有做好，她们也做好了“大不了嫁人”的准备，学习不学习的，根本不重要。

为了转变这种氛围，我甚至都变成了大家最讨厌的那个在窗户后面探头的“班主任”，总是去悄悄看他们在干什么，自习课去布置作业，去突然袭击。

我不知道怎么去和她们灌输一些“女孩子也要努力”的价值观，改变别人是世界上最困难的一件事，可是教育是这么神圣，我突然觉得把全班这么多人的未来放在我肩上，有点害怕，我是一个责任心爆棚到变态的人，如果教不好他们，我想我会很痛苦。

我比较自私，不想痛苦，这可能是我后来坚持不去做老师的原因之一。

我更不知道当时自己坚持的“人人都要努力，女孩子要更努力”的言论是不是对的。因为有些女生告诉我，她就是想在我们的小城，早早结婚组个家庭。

我知道这种生活愿景也没有什么错，可我还是在她们走神懈怠时狠狠地批评她们，相信我，再难听的话我都说出口了，但是也没能改变她们上课的精神状态。

那一段时间我怀疑自己不适合老师这个职业，找不到什么好的教育方法。

我说出口的那些话，其实也是对我自己说的：没有好样貌，没有好身材，没有好家境，靠不了父母，靠不了男人，那到底最后要靠谁？

人最后都要靠自己，女孩子也不例外。

女孩子会成家、有自己的宝贝，这没错，但生宝宝之前和生宝宝之后的生活，也有很多种，组建家庭只是生活的一个步骤，并不是结局。

而且嫁人是一件幸福的事，并不是一种别无选择之后的退路。

生活方式有很多种，你现在就局限到一种，是不是有点早？

我还是坚持这样，女孩子努力的结果到底是什么，我不知道，但是我总觉得，努力没有错。很多人问，你那么努力，然后呢？我不知道然后啊，因为我的努力还在过程中。

“然后”的结局会有很多种：

我可能再怎么努力，都逃不过一个普通人的命运，逃不脱一个平淡生活的循环，就算最后白努力一场，我也算努力了，我就老老实实地接受自己是一个普通人的命运。因为我在努力之前就明白了，没人总能梦想成真。

我可能见识过大风大浪、五光十色和灯红酒绿，忽然有一天想回归家庭过一下甜甜蜜蜜、安安稳稳的日子，做一个全职妈妈，用自己的经历去保护和教育自己的宝宝，相夫教子好不快乐，而这种看似平静的身份，也需要想象不到的努力。

也可能是，我觉得这个世界真是太精彩了，就算拖家带口，我也想再使劲在这个世界里游荡几圈，来都来了，不激起几朵浪花，也对不起我这么蓬勃的野心和欲望啊，就算因为妻子、妈妈这些多重身份而疲惫，可我也是我，想要努力让自己看到自己的我，不是吗？

那如果他们再问我，在现实生活的边缘也算爬了很久，你依然觉得女孩子需要去拼命、去努力吗？就算努力这么久，然后呢？

然后？然后想怎么生活，难道不是随便我挑吗？

别在该有趣的年纪，只懂得辛苦

之前非常相信辛苦出成绩，觉得做一件事，不把自己累得苦哈哈就不算合格，每次又累又困才能觉得自己做了事，疲惫感让我踏实。

尤其是高考那段时间，认为凌晨睡、5 点起，不上清华也要上北大才对得起自己的付出。原来也经常叫嚷自己为了写文章放弃和大家玩的机会。

很多朋友和我一样，不知道如何让自己更放松一点。

现在想想，其实高中时也是有很多自我调控的时间，是可以用来休息的。说不定那个时候休息好了，我还能再多长高几厘米。

反正最近觉得，做好一件事，其实不是要很辛苦才过关。

该玩就要好好玩，该放松时就要好好放松。

做事不单单是时间的付出，惨不是一件值得称赞的事情，轻轻松松把事做好才是真厉害。不然看很多狠角色，我们不够用的时间，他们却能用它做成很多事。

叫嚷自己忙，没时间打扮、没时间健身的人不是真的已经达到这样一种状态，而是让自己陷入一种“所有时间都要用来工作就一定可以发财”的怪思想里。

相反，那些非常能赚钱的人都非常会玩，因为他们能非常高效地划分时间模块。

最近看分析川普和他女儿的文章非常多，里面有讲到他们两个都坚持凌晨四点起床，锻炼身体、看报、工作，把时间安排得都很妥当。而且真是应了一句话，往往越成功的人越有时间去锻炼。

真是厌倦了所有鸡汤文里说的全天全年无休的拼命状态，应该把时间分成两部分，该拼时就全力以赴，该放松时就使劲瘫软。

所以，目前我也正在强迫自己做事有效率，除了能让自己更高效地赚钱，做事，也好能剩出一些时间让自己安安心心地“玩物丧志”。

不过最近也真的有所改变，比如原来一天晚上只能写一篇文章，现在可以强迫自己写两篇。晚上 8 点到 12 点，时间是固定的，并没有延长，那写第二篇的时间从哪里挤出来？

原来写到一半会刷微博，一刷半小时，或者写了两句想起有未付款订单，一点淘宝逛了半小时。时间就是从这些非主观的琐碎事情里挤压出来，强迫自己放下手机，在一段时间里只专注一件事情绝对是延长可用时间、提高效率的最有效方法。

虽然方法简单粗暴，可执行起来略困难，手机是本命啊！

不过狠狠心把手机在桌面上扣两次也就习惯了，这样才能富余更多时间去逛街、去锻炼、去学英语、去参加聚会，最重要的是认识新的男孩，很多人说自己是母胎单身，也是因为社交圈太窄。

其实，一个人让自己玩得开心是能力，而这种能力并不是谁都有的。有的人，给他一天自由的时间，他也不知道如何让自己在这一天里玩得开心。而且，这种人真的还不少。

讨好自己是一个人一辈子的必修课。

不知道怎么 get 自己“玩乐点”的人，可以多和玩咖们一起玩一玩。他们带着你打打桌游，寻着大街小巷吃吃特色小吃，或者在街角的不起眼小吧里喝一杯，要不一起结伴出游，反正和玩咖一起玩，他们总有新花样，总能给你新体验，而且有心的人，还能在玩里获取做事的灵感。

不过我去年还没分手的时候，我前男友听我说想和玩咖一起玩，就觉得我变成了一个坏女孩。很多人都有这样的担忧，其实做坏女孩也是要胆量的，认真地玩就和坏挂钩了？我们也太小看“坏”这个词的范围了。

出去玩，并不是什么洪水猛兽，把自己闷到无精打采，有气无力，这才不是一个年轻人该有的状态。

我才不想等我功成名就、事业有成之后，回想一下自己的生活，全是暗淡无光的工作和无趣地被敷衍和打发的时光，我不想连一丝放松自己的开心都不曾体验过。

我从来不努力，我就是幸运

好朋友在朋友圈发了一条状态，她说：

“我不喜欢有些人说我幸运，他们根本没看见我有多努力。可是又一想，我有多努力又何必让别人看见，弱者才需要自我同情和自我感动，而且我可能真的幸运，因为我的努力结果都是好的。或许有一天我做对了很多事，我就可以告诉他们，抱歉，我从来不努力，我就是幸运。”

真是恨不得跨过屏幕给她胸前戴一朵大红花，相比她之前不管做什么事都昭告天下的幼稚，不管多努力辛苦都挂出来想要博喝彩的粗暴，我更欣赏她现在把艰难咽进肚子里自我消化，微笑展示结果的心态。

她从一个普通的职员，慢慢升职为部门主管。而这，只用了半年多的时间，真的很不容易。

很多老员工被一个比自己小这么多的人领导，都很不服气，公司再小也要论资历吧。他们说起她，也只是认为她幸运：不就是幸运地做了一个大案子？不就是幸运地找到了一个土豪客户？

我们也加班，我们也努力，凭什么她跑得比我们快？

只有当事人知道自己凭什么。我朋友真的超级不开心，她简直恨不得把自己熬夜看书做设计的日子制成回忆电影，把她的同事们绑在板凳上强迫他们看完：

你们下班出去聚餐约会，我在做设计；你们看美剧、看韩剧，我在做设计；你们刷微博、玩朋友圈，我也在做设计；你们加一个小时的班就告知朋友圈，我加班整晚不回家，连着几个礼拜996作息，也没在朋友圈放一个字。

难道从不展示自己辛苦的人，取得好成绩，就是靠运气？默默做事从不张扬的人，取得了好结果，就是靠运气？难道一定要一把辛酸泪地抛头颅、洒热血，才有资格把一件事做好？

怎么我好不容易懂得了低调做事的谦逊，而这个世界还容不得人低调？

其实，不是容不得别人低调，而是我们都容易自我感动，觉得一件事成功的背后全是想要让别人看到的心酸。

曾经我也是这样啊，不管做什么都喜欢发到朋友圈、发到微博，甚至是很多八字都没一撇的事情，我都想得到大家的称赞。

比如大学时参加排球赛、健美操比赛，训练到胳膊、腿没有一块是好肉了，难看到死也要拍照发状态，表示自己真的好辛苦，真的好累，可是我还能坚持，我就是这样一个不怕苦不怕累的人。

然后等着一堆人来围观我为学院做出的贡献，其实更深层次的潜台词是：

嗨，同学们、辅导员、院书记，你们看见了吗？我为咱们学院真的很拼啊，我加分是应该的，算到综合测评里也是应该的，就算输了也别怪我啊，因为我为了训练都这样了，而你们连这个苦都不想吃。

大四时我开了个舞蹈工作室，租房、选址、装修，我一个人做完了这些我从来都没有接触过的事，连今天去买地板不小心摔了一跤也要写到朋友圈。我只是觉得自己做了一些事、吃了一些苦，一定要表示清楚，好来证明：

我，一个人做了这么多事情，真的是一个大写的新时代的新女性。那你们在等什么？为什么还不来夸我赞美我佩服我？

而且那个时候我不懂，真正的厉害并不是一定要先抑后扬，不知道心理上的弱者才喜欢一边做事一边展示自己的落魄与辛苦。

除非我们真正地走向了一个成功的位置，能像马云他们有资格分享自己的曾经，不然，辛苦说给谁也只是想博一个同情，别人也不是真正的关心。就算卖尽辛苦拼搏的丑态，博一个佩服又怎样？生活还不是自己过？在辛苦与忙碌里挣扎的你，又要把这种状态表演给别人看，就算最后成功了又能有多优雅？

算了，我只好释怀，毕竟让他们知道我的辛苦和狼狈，还不如保持优雅，让他们觉得我得到一些东西全是因为幸运。

很多人都喜欢这句话：别人只在乎你飞得高不高，可很少有人在乎你飞得累不累。

我觉得这句话真的很矫情。别人当然不在乎了，为什么要在乎你飞得累不累？你飞得再高都是你自己的事，钱是赚给自己的，职位是升给你自己的，好处都是你自己的，和别人有什么关系？

而且想要飞得高的人都不怕累，其中辛苦又何必让别人知道？我们怎么要求那么多，又想要终点等待的掌声，又想要中间过程的喝彩？

还有一种情况也让人无力，你工资比别人高出一大截，他们都说你小子怎么那么幸运找到好工作，就算你每次都解释说自己真的好累，天天熬夜，忙得都没有时间去健身，可是他们下次看到你还要一脸酸酸地说“你怎么那么幸运”。

所以他们不知道我们有多辛苦又有什么关系，做一个拥抱结果的幸运儿也不错。

我给朋友的状态评论之后，她跑来和我说：“刚才我又矫情了，不过还好我这条是分组状态，只说给亲近的人看，至于其他人，过程就不给他们看了，反正我从来不努力，我就是幸运。”

希望有一天，我们也都能轻轻松松地说出这句话。

你一定得了“怕麻烦”这种病

在群里问了大家一个问题，说除了现在的工作，你还有没有第二个技能能养活自己。

有人说有在做兼职，如果主要工作不做了，就主做兼职。

但是有的人说，一点也没有，别说技能了，连自己喜欢什么都不知道。

几个大学没毕业的学弟学妹说，我竟然一点也不知道自己喜欢什么，每天除了上课，没事了就是在宿舍看看美剧、刷刷微博，我好像没有喜欢的事啊！

还有几个已经工作了的朋友表示，除了上班，就是回家做做饭、带带孩子、看看新闻，好像生活里也真的没有什么惊喜。

蔡康永说过，15 岁觉得游泳难，放弃游泳，到 18 岁遇到一个你喜欢的人约你去游泳，你只好说“我不会”。18 岁觉得英文难，放弃英文，28 岁出现一个很棒但要会英文的工作，你只好说“我不会”。人生前期越嫌麻烦，越懒得学，后来就越可能错过让你动心的人和事，错过新风景。

而你呢，你不是觉得难，也不是没兴趣，其实你只是怕麻烦。

从一开始就怕麻烦，连这种感觉难的机会都没有给自己。不知不觉，怕麻烦帮你拒绝了所有你可能喜欢的事。

怕麻烦真的是一种病。

同学拉你一起去看电影，你说电影院好远要转车，跑那么远太麻烦。

朋友拉你去游泳、健身，你说好麻烦呀，又要洗澡又要带一大包衣服，长头发最后要吹干，好累。

同事说一起学跳舞吧，你说我最怕麻烦了，每天下班之后还要跑去舞蹈教室，不去了还要请假之类的。

结果不怕麻烦的人都发现，这些事情真的好像都是自己喜欢的。

于是，不怕麻烦的同学成了影评作者，不怕麻烦的朋友考了游泳教练证，不怕麻烦的同事变成了随时都能跳一段的舞者。

摄影法语长跑写字，你怕麻烦都拒绝了。

吉他设计编程旅行，你怕麻烦都拒绝了。

陶艺插花美甲搭配，你怕麻烦都拒绝了。

本来有很多发现自己喜欢什么的机会，但是因为怕麻烦，你都拒绝了。

最后还要抱怨说："怎么有些人的人生看起来就那么顺风顺水呢？他们不仅仅能把自己的工作做好，还能把自己喜欢的事情顺带都做好，我连个喜欢的事都没有。"

如果要羡慕，不仅要羡慕他们能找到自己喜欢的事。其实，最牛的最让人羡慕的是，最后他们的喜欢真的变成了自己的工作，真的能靠自己喜欢的事情养活自己。

做陶瓷人偶的胡晏荧，中文系毕业，又专门出国学摄影，最后跑到景德镇做了一个陶瓷匠人。

最近很火的叫兽易小星，他在 2006 年到 2011 年之间还是一个土木工程师，白天做工程师，晚上做段子手录好玩儿的视频，最后开公司拍电影，专门靠段子维生。

维多利亚的秘密超模 KK，走了那么多 T 台，发现自己其实最喜欢编程，报了编程班从头学起，又在纽约大学进入相关专业学习，已经为成为工程师做好准备。

我们不需要把这些喜欢像那些人一样做成专业，但最起码它们可以让自己快乐。

很多喜欢的事情，真的是从不怕麻烦开始的。

我表姐曾经真是一个怕麻烦的代表人物，她唯一觉得不麻烦的事情就是睡觉，后来跨过了怕麻烦的第一步学了古筝，现在一有时间就要弹两首来助助兴。

好朋友也是一个典型的怕麻烦代言人，让她吃点好吃的都会因为怕麻烦拒绝，后来我拽她去学钢管舞，她发现自己对钢管舞驾驭自如，最后成了心头好。

如果我一开始怕麻烦，可能也不会在这个平台写字，也就不会慢慢发现写字带给我的快乐感。

我们不需要把每一件喜欢的事情都做到极致，但是在这个浮躁的社会，有一件喜欢的事情是那么重要。你可以爱做饭，爱美甲，甚至爱收拾屋子，不管爱什么，烦躁的时候，你能用这件自己喜欢的事情安抚自己。

没有什么能比自己讨好自己更快乐了。

所以如果我们得了“怕麻烦”这种病，真的得治。

不是社交达人
怎么办

我一直不是一个合格的社交高手，很多时候都不知道怎么和别人相处，我非常羡慕那些可以落落大方与别人交谈甚至交朋友的人。

记得有一次，有一个朋友在群里分享了一篇文章，文章里写到她自己和生死有关的经历，很让人动容。群里的小伙伴读完之后都纷纷安慰她，和她说了很多温柔体贴的话。

但是，只有我和朋友六六，私聊了很久，犹豫了半天："到底要不要安慰人家一下，就算要安慰，又从哪里开始呢？本来又不熟，怎么能突然说那种很体贴的话呢？"

可在那种氛围下，就算出于礼貌也真的该说点什么。而且读了那篇文章，我也真的很佩服她，觉得她不易，更觉得她很棒。

然后这一件小小的事情，我们俩商量了差不多半小时。

结果呢？磨磨唧唧了半天也不知道怎么开口。

最后我决定还是和那个朋友私聊一下，偷偷地表示一下我的关心。可六六又犯难了，因为她根本没有加人家的微信，为了说几句话加一下微信，又觉得唐突。

要知道，我们平时可是群里口无遮拦的大污王，嘻嘻哈哈毫不矜持，可真到了要说知心话和场面话的时候，却支支吾吾什么都说不出来，怕人家觉得我们和人套近乎、攀感情。

气得我俩嫌弃自己没出息！每天尽能说些不正经的，到了正儿八经的事情上什么话都说不出来，以后还怎么干大事？

别人说谢谢呀，我们说哈哈哈哈，别人说不好意思啊，我们说哈哈哈哈，别人说你人太好了，我们说哈哈哈哈，别人说你这样不对啊，我们说，哈哈哈哈……

在很多人那里，“哈哈哈哈”是一个万能回答，不是敷衍，而是真的不知怎样讲出那些话。

不懂得如何社交，不知道如何开口，这是一种通病。

除此之外，朋友圈里有很多厉害的同行前辈，有时候看到人家的状态，食指要犹豫半天，要不要点赞？这样会不会让大家觉得我在拍马屁、套近乎？

内心戏也是一万分的足。

其实，有时候我挺羡慕那些和谁都能交朋友的人，为什么人家总是能很轻松地和这个熟悉，和那个要好，而我和大家都是表面上过得去，虽然真诚，却总觉得很难靠近他们。有时候有一种感觉，怎么大家都玩到一起了，就差一个我像局外人。

就像上大学的时候，我也不是什么社交达人，总是一个人活成了一个圈子，大学四年，一个人吃饭，去图书馆，打工，跳舞。

回到人群里，需要热闹的时候，又迅速转换心情，认真投入，一起笑笑，一起闹一闹。

但是每当有人和我亲近时，我又总想知道 Ta 为什么突然这么主动，然后又会刻意地去保持一点点距离。

过得太拧巴！

可能大部分原因是，总想用吊儿郎当来掩饰自己，掩饰自己内心“我喜欢你，我想和你认识”的急切，掩饰“我崇拜你，我想和你交朋友”的渴望，掩饰“我需要你，我想和你在一起”的热情，怕跟人接近时被拒绝，或者自己不能回报别人的热情。

说点矫情的，难道这就是“活得像个孤独患者自我拉扯”？可能还是安全感太低，寻求一点点的保护色。

这种保护色穿得太多了，就连在喜欢的人面前，也忍不住给自己戴个面具。

所以有女生问我，为什么在喜欢的人面前，我总是表现得不像自己。我无解啊！因为我自己也这样。

明明可以温柔，见了他却瞬间转换成毒舌加犟嘴，他说什么好，我偏要质疑。

明明可以听话，见了他却像时刻准备发狂的小野兽，他说往西边，我偏觉得东边的天更好看。

明明是个话痨，可是见了他，十分钟都憋不出一句话来，只能抠抠手指甲。

有的男同学说，我明明那么喜欢她，只想保护她，但是到了她面前，却只想欺负她。

怕被对方看穿呗，硬是先把自己全副武装。这种保护色，害得对方以为我们本来就是这样一个不讨人喜欢的人，害得我们只能单恋或失恋。不懂你的人，真的就走了。

有时候我想，要不要把这种状态改一改，又外向又内向的，真是很折磨自己。但是强行改变，说不定连真诚这种东西都失去了，只要你真心，没有恶意，对方还是能感觉到的。

如果这份真心需要百分之百才能被感受，那虚假和虚伪则只要百分之一。

曾经我试过带着目的去和人打交道。大四时，我的舞蹈工作室刚开业，我请了我们学校一个拉丁美洲的留学生来教拉丁舞，他的女朋友是助教。为了能留住他，也留住他带来的留学生，我表现得有点急切，嘘寒问暖，请他吃饭。

但我本身不是这样的社交型选手，目的性表现得太明显。

那个时候我的好朋友说，你还老请他吃饭，有必要对他们那么上杆子吗？你对我都没有这样好过。

开始我觉得你懂什么，怎么这种醋也吃！后来我才有点意识，转变得太生硬，真诚是有，但目的性实在是太强，连最亲近的人都看不下去。

相反另一个不怎么爱说话的人，现在还是他们的好朋友。

而我有点得不偿失，还忽视了那个总是帮我的人。

原来很多东西，真的不是你想改变就能改变的，改得不好，就真的变了。

后来我看到荣格的一句话："人可以从不同的事物中汲取能量。外向的人可以从和他人的相处中得到能量，而内向的人可以从独自的思考中得到能量。内向、外向的性格都有各自的优点，不必太刻意去改变什么。"

那我们这种内向外向兼备的人，也有优点，可以从两方面都汲取能量。

外向时与人交好，内向时自我反省，该敞开的敞开，该拥紧的拥紧。

而且，就算做不成社交达人又怎么样，只要不过分，只要自身有价值，就不用发愁什么少个朋友少条路。

我们身边总会有那么几个人，能懂你爱你，能在风风雨雨里一把拥住你，前提是把那些该敞开的给值得的人看。

于是你这个外向的孤独患者，就算在外面孤独地热闹了一整天，回去有个肩膀靠，有个耳朵听你说，其实也足够了。

不要和已婚男人聊人生哲学

在群里看大家聊天，几个小姑娘说被办公室很多结了婚的男人恶心到了，他们语言轻佻，说着只有自己觉得好笑的荤段子来调笑那些害羞、不爱言语的姑娘，一定要看着她们脸红才算满意。

我有点惊讶，怎么现实生活中真的有这样的男人吗？

油腻。油腻。油腻。想想就讨厌呢。

更吃惊的是，后来一个姑娘还接着讲了自己掌掴已婚男同事的事迹。

她和一个已婚男同事一起出差，结果对方不怀好意动手动脚，本来念着同事的面子只是警告，不过后来对方太过分，她也顾不上同事情面，直接两个嘴巴子抽上去。男同事当时蒙了一下，大概是没想到她会反应如此强烈。

忍不住想，如果这个姑娘是一个柔柔弱弱的包子型女孩，是不是注定了被欺负也不敢讲？是不是这正中很多男人的心怀？

不是我仇视已婚男人，有的男人是绅士，而有一部分已婚男，真的就是垃圾。

我一个男性朋友说，是男人就免不了有偷腥的想法。这种说法我信一点点，大概没有那种意志力超级强的男人，就拿法海来说，觉得自己定力无边可以永远不近女色，还不是在青蛇那里破了功？

不管男女，可能在一段感情里，谁都会有那么一两次小走神。不过有的人悬崖勒马，知道爱情要忠诚，但是有的人就放纵着自己的想法去做了。

当然大部分想要出轨的男人不会像上面讲到的那样霸王硬上弓，更多的是像亦舒笔下那样，打着“我的妻子不理解我”的幌子迂回地去勾引女同事、女朋友。

你一开始是听他诉苦，听他讲述生活里的“不幸”，但是后来你会发现他变成了你的苦——不知不觉就陷进去了，变成了一个被他掌控在手里的小玩偶。

最常见的后果是什么？

和这个“不幸”的男人双宿双飞？

别做梦了。因为很多已婚男也会像亦舒笔下的猥琐男一样，在东窗事发之后，向妻子哭诉“都是她先勾引我”，然后站在自己妻子身后一起去敲你家的门，夫妻双双一起用力讨伐你这个狐狸精。

当时我在亦舒的书里读到书中这个桥段，觉得真是太有画面感了，脑海里立马有了这样的场景——“被勾引”的男人一脸委屈地站在自己叉腰大骂的妻子旁边，可能刚刚下完跪，也可能才发完誓，或者买了珠宝首饰做补偿，各种样子都有了，就是完全没有当时向“狐狸精”痛诉“母夜叉”的气愤和嚣张。

生活里这样的例子我们也看得不少了吧？

女孩们啊，控制不了别人，杜绝自己，为了防止被敲门，我们都要懂一件事，那就是——

不要总是和已婚男聊诗词歌赋，聊人生哲学。

再爱慕也不行，再敬佩也不要，就算他可以做你的人生导师，就算他可以做你路上的指明灯。聊来聊去就容易聊出感情，聊到你愿意以身相许，为光明献身。

我原来写过一篇文章，说有女朋友的男孩不要随随便便就对别的女孩示好，别总是问我吃了没，冷不冷，也别总是关心我今天发型很漂亮，别总是夸我温柔可爱、善解人意，也别随随便便就找我聊天！但是有一个男读者说：“就是有个人喜欢和你聊天而已，本来被人喜欢应该是个令人开心的事情，你也太自作多情了吧。”

虽然自作多情不是一件好事，但是有时候，这个情还真是要自己多。

不为别的，世界险恶啊，我们要学会自保，哪怕自作多情。

像朋友小兔有一次预约了顺风车，司机添加了她的微信，说这样更方便联系。司机大哥挺亲切，说话也有趣，后来她到家之后的几天，大哥还总是提醒她多穿点、早点回家之类的。但是小兔当时并没有很积极地和他搭话，他忍不住问小兔为什么这么冷淡不爱聊天。

小兔回答说，因为我看你已经结婚了，我从来都不和已婚男人聊太多的。

对方一听就有点激动，说只不过是看着小兔有些面熟，一个人在外地不容易，才想和她聊聊天，并没有别的意思。他还把自己的结婚照发给小兔看，说他们夫妻两个感情很好，让小兔别多想。

小兔回头说，可能是我自作多情了，但是我和这个已婚男，真的没有什么好说的。知心的朋友我有，讲心事他排不上号，要说正事又都是扯闲篇，我也没心情和他探讨人生哲学、诗词歌赋。

别说他一个偶遇的陌生人，就算我们作为普通朋友，也只需要就事论事，保持一定的距离，不过分热情，有好处没坏处。哪怕对方的思想纯洁得像云像雪，就算很聊得来，也要注意时间和场合。

什么事只能两个人单独说？什么事必须晚上正觉寂寞的时刻聊？

我们要爱惜羽毛。

不是假清高，是落落大方，不越雷池。

不是所有的感情都能有个完美结局，也不是所有人都能如《廊桥遗梦》那样凭借着对家庭的责任心而有所克制。

就算成年人的世界不讲对错，我们也不要高看已婚男的意志力，也别高估自己的自控力。我不觉得很多女孩能坚持做道德至上的好人，也不相信很多男人能放过对自己有所松懈的猎物。更何况，记不记得老男人们的套路——在他们眼里，这个世界上没有他们睡不着的姑娘。

而太多女孩都很单纯，容易受伤，以为可以用勇气换一场爱情，谁知道只是用青春换了一场陪跑。

虽然这个世界上多的是披着羊皮的狼，可就算都是狼，我们也要找一个单身狼，清清白白，才不枉自己爱一场。

与已婚男保持距离，是当代女孩的生存法则之一。

不用自己的有，去笑别人 low

我上高中时，班主任老师讲过一句话让人印象很深刻：“有时候善良是什么？善良就是你在吃肉、别人只能喝汤时，你不要吧唧嘴。”

虽然这句话很糙，但是讲得很对。

就说高中时吧，每一个人都为了自己的未来，铆足了劲儿往前冲，大家看着黑板后面的倒计时，又算着自己的名次，好像再不进步一点，就会毁灭人生。

那个时候，我还是一个一做数学题就满脸愁容的文科女，可是身边有很多人数学、英语都不会怕的，经常出现我花对方两倍的时间去学数学但是只能考对方一半分数的情况。

有一次我看完模拟考试的名次，特别生气，觉得自己笨，怎么学数学就是不开窍。坐在我前面的那个男孩，转过头来跟我炫耀了半天自己的数学得了全班第二，也顺带嘲笑了一下我的分数低到可以。他还很不识趣地讲，你知道吗，文科生，差十分就能隔出好大的差距。你的数学已经拖到你没希望了。

聒噪，我翻了很多个白眼，请他转过身去，可他就是不肯，依然在那里自顾自地说着风凉话，还说自己这次只拿第二还是因为肚子有点疼，没有发挥好，不然能比我高出更多。

后来，还是我落在卷子上的眼泪让他闭了嘴。

说实话，我承认那个时候满心都是玻璃，脆弱，带着迷茫，还有一些自卑，可是我真的不能忍受这样已经吃肉的人，在我面前吧唧嘴。

你可以很优秀，你可以很厉害，你也可以彰显自己的优越感，但是如果你可以不用你自己的有去笑话我的无，那时我才会真正地尊重你，佩服你，也承认你的优越。

用自己的有，去笑话别人 low 的人实在是太多了，他们根本没有意识到，自己看不上的那些东西，却已经是对方的全部。

可能每个人都好为人师，觉得自己所做的都绝对正确，想要用自己过来的经验指导对方的人生。

认识一个已经小有名气的作家，虽然他写的文字很有力量也很有思想，但是我真的不欣赏他的做事风格。因为他总是用自己已经取得的成绩，去衡量身边一切人。

有一次大家聚会，他点评一个朋友的文章，说："这些形式框架都是我们当年写剩下的，你现在就别再写了，有这点时间还不如跟我一样写点别的。"语气里有着微妙的不屑。

说真的，当时的气氛特别尴尬，大家不知道再怎么接话，而被点评的那个朋友笑了笑，回答他："您也说了，这都是您写剩下的，等我把这些写剩下，也就和您一样有名气了。”虽然回答得不卑不亢，但是依然能感觉到他的沮丧。

自己为了这些“别人写剩下”的文字，没日没夜地斟酌和努力，就这样轻易被人踩在脚底下。

那些为了凸显自己的优越而去揣度别人付出的行为，极其没有风度，如果为人真诚，应该提出有效建议，再跟进指导，而不是这样随意去打击。

参差不齐是这个世界的正常秩序，大家的发展和进步永远不可能是同一个进度，但情商高、有素养的人，从不会用自己的高度，做出蔑视的姿态。

我有很多富二代朋友，其中有一个女孩，大家都特别喜欢她。

其实，不同阶级做朋友也是一件不容易的事。因为有的人有钱穿名牌，就会吐槽别人穿淘宝款没有品质；有的人可以天天坐豪华轿车，就会看不上别人挤地铁；有的人花钱大手大脚不在乎，就会觉得花钱要规划的人小气。

可是这个女孩不一样，虽然她穿的衣服很贵，背的包包会是别人几个月的工资，但是她从来不对身边的朋友挑剔，也不用自己的消费习惯去点评和要求其他朋友。

和她在一起，从来都不会觉得不舒服。

不用自己的有，去嘲笑别人的无，这也是一种最好的善良。

从小地方来的人，就一定要自卑吗

深夜里我曾收到过一个小学妹的信息：学姐，刚上大学，有点不适应，周围的同学都好厉害，他们家都是大城市的，都比我这样一个小城镇的人见多识广，我特别自卑。

我没想到怎么安慰学妹，我不能简单粗暴地劝她说不要自卑，因为自卑是不可避免的。

我也是一个容易自卑的人，不管从外貌还是学历还是见识、能力，我常常陷入和他人的比较里，觉得自己渺小、平庸。

比如大三时我去北京参加舞蹈特训，班里的同学，不是留学海归，就是医学博士，要不就是比我小两岁，已经从清华毕业了；要不就是比我大一岁，北大研究生都毕业了；还有一个比我小两岁竟然和我一个年级；还有一个女孩未成年就已经大二了，新学期要出国交换。

我为什么这么强调年龄，因为觉得她们花了比我少了那么多的时间，和我在做一样的事情，但是比我做得要好得多。

连我老师也是超级厉害。

老师是哈萨克斯坦人，她从哈萨克斯坦顶级大学毕业，拿着最高等的奖学金来中国留学，她修国际关系，会讲五国语言。因为爱上舞蹈，她凭一己之力，在北京开了舞蹈文化公司。

就连助教老师也是超级厉害，是“宇宙中心”五道口周围大学里的研究生和留学生。

你们能体验那种整个班里都是高才生，自己是学历链最末端的感觉吗？而且这群人，舞感好，肯努力，长得漂亮，情商也高。

就像一堆西红柿里面突然多了一个圣女果，一篮猕猴桃里混了一个土豆。

是那种喝再多“学历不代表能力”的鸡汤，都无法冲淡的自卑感。

生活里，像这样能让人自卑的时刻简直太多了。

刚到北京工作时，我听不懂老板们嘴里的专业术语，听着他们嘴里谁创业成功、公司稳定，听他们说朋友的豪车要贴多少钱的膜，听谁是剑桥、哈佛归来，怎样白手起家，听哪个公司 CEO 总是凌晨 3 点才睡……

我自卑，一方面是物质层面的原因，他们说的离我好远；另一方面也是这些人比我优秀，还比我努力，自己可能真的是头发长见识少。

自卑到，老板带我们团队去 China Bar 喝酒、听女歌手唱外文歌时，我都会想抱住她的胳膊大晃三下，“你的英语怎么这么好”。

自卑到，看着长安街的夜景，我会想这个城市永远不会属于我，我应该回家。

因为写文章遇到一群很厉害的作者，看他们的文章刷爆微博和朋友圈，看他们的书被改编成电视、电影。我自卑，自卑自己的洞察力还不够，写不出什么深刻的好文章。

和我同住的好朋友甜妞有一段时间也会自卑到烦躁抑郁。

她是做旅游的，她说周围的同事全都是海归背景，要不就已经去过很多国家，旅游对他们来说，不是行业，更像一个爱好。每次开大会，她设计的路线，总是会被大神们否定。

她也自卑，自卑没有别人那么开阔的眼界，也没有那么多好玩的想法。

你看，自卑就是一件无法避免的事情。可是自卑又是一种很正常的情绪，如果你不曾自卑过，那只是因为你没有自省过，或者你没有真正地欣赏过别人。

有自知之明的人会自卑，懂得欣赏别人的人会自卑。

自卑不可怕，自卑都是我们发现自己短板的正常反应，适度的自卑会推着我们进步。

《银魂》里的银时不是说过吗？人就是要以自卑为跳板才能跳得更高。

我们有时要感谢我们的自卑，自卑有时是动力。

如果甜妞不曾自卑过，那她每晚就不会捧着旅游工具书看个不停，也不会现在能一人独扛部门大旗。

如果我不曾自卑过，我不会拼命练习舞蹈去跟上那群人的脚步，也不会坚持每天晚上回家写两千字的练笔。

自卑其实是一把双刃剑。

你因为长痘痘而自卑，那么你才会细心呵护善待皮肤。你因为个子矮自卑，那么你才会注重搭配让自己更美。你因为读书少自卑，那么你才会督促自己翻开书本。你因为见识少自卑，那么你才会推开新的大门。你因为能力差自卑，那么你才会提升自己的觉悟。

央视著名主持人白岩松，他也曾因为自己出身小城而自卑。他从一个北方小镇考进北京大学，上学第一天，邻桌女孩就问他，你从哪里来。而这个问题正是他最忌讳的，因为在他的逻辑里，小城镇就意味着没见过世面。白岩松太敏感了，因为这句话，他一个学期都没敢和女同学说话。

但是后来我们看到的，都是白岩松在镜头前自信地侃侃而谈。白岩松说，他的自信，是极度自卑导致的，在他的身体里，自卑心理是非常明显的，他觉得真正理解自卑的人最后才能变得真正自信。他已经很久不自卑了，现在他会为太自信而自卑。

适当的自卑最后的结果是转化成更自信，自卑让我们学会欣赏那些比我们厉害的人，学会学习那些比我们优秀的人。

那我的小学妹，你也是，请善待你的自卑，学会如何利用自卑去督促自己变成一个一直在努力进步的人，把自卑转化成自信。

当你迷茫时，你是在贪心

看到过一个帖子，一个男生问大家，他现在27岁了，在一个不大不小的公司上班一年了，工资不多又常常加班。很多人都说这个公司前景不错，以后说不定还能上市。但是他最近又看上了一个工作，工资比现在高好多，待遇也不错——好迷茫啊！

先不说一个27岁的男人还在用“迷茫”这个词，他真是犯难了，到底是在现在的公司等它上市，还是去另一个公司拿高工资？如果真的跳槽了，万一以后公司真的上市，他不得后悔死吗？

人都这样，怎么说呢？就俩字吧——贪心。总想吃着碗里的，还要看着锅里的，要不就是吃着碗里的，看着锅里，还要盯着还没下锅的。公司上市的概率和中彩票一样吧，但是又想万一真的该自己中奖了，偏偏自己走掉了，那错过的可能就是成为CEO，迎娶白富美的巅峰人生啊。

我们怎么想得那么美？

下面一个男生回复说：

“你还是尽早选择吧，本来我也是你这样想的，一年前我朋友想拉我去创业，我没去，觉得自己现在的公司挺好的，也有上市的空间，可是朋友的创业项目也挺好的，但是又觉得不是值得我一心去做的。

“不想放弃工作又不想放弃那个项目，我就白天在公司上班，晚上给朋友做兼职。结果我现在的公司并不认可我的工作，而我朋友的公司现在估值多少就不说了。

“你问他给我股份了没？当然没给了，我一个兼职打工的，人家凭什么……

“我现在要后悔死了，如果当时我不是两个都想抓，最起码现在有一个是抓在手里的，或者放弃朋友的兼职，也不会有‘成功竟然离我这么近而我没抓住’的痛苦感。”

你这么贪心，所以你痛苦。

我当时跳槽的时候也是，到底跳不跳啊，每天心慌。我天天想着，万一我们公司突然发达了、爆红了，有投资人来投了一笔巨款，作为公司的三号人物，说不定我就可以在北京买套房了。先不说我有没有想多了，反正在这个时代，还有什么是不可能的？尤其是我那时看到一个人写了自己刚跳槽一个月，公司就接受了一大笔投资的悲惨故事。

但是另一边工作内容是我喜欢的，工资待遇是我喜欢的，老板的价值观和智商也是我喜欢的，可我已经排不到三四号人物里去了。

天哪，我到底跳还是不跳啊，万一公司真的发达了，我后悔怎么办？可是那边老板脑子那么厉害，带着我发达也很容易。

后来想了好几天，我还是决定跳槽了，人不能左顾右盼什么都想要，我还是决定选择目前最中意的那一个。就算我刚跳槽公司就火到能在长安街放鞭炮，我也认了，毕竟先离开的那个人，也没有资格再享受什么荣誉了，就算他们在北京买了十套房，也和我没什么关系了。

眼红就眼红，羡慕就羡慕，但是自己做的决定，没办法，我们自己消化。

很多人会把贪心归结于迷茫，毕竟贪心和迷茫脱不了干系，在迷茫的时候，贪心有错吗？！

其实，贪心没什么错，哪有什么一点欲望都没有，丁是丁、卯是卯的大清高？

不过我们要承认，我们就是因为贪心才迷茫。

因为贪心给了我们纠结不定的犹豫，给了我们一万个后悔的理由，而且同一个时间段我们总是想要的太多，左边也想要，右边也想留，结果会因为犹豫错过更多。

我们贪心的时刻太多了：

又想要大城市的繁华，又想要小城市的安逸，因为错过了最佳时机，大城市的繁华没看着，待在小城市无所事事又不够安逸——我到底想怎么过。

又想要白玫瑰的温柔，又想要红玫瑰的妖娆，所以白玫瑰和红玫瑰同时长了让你不可靠近的刺，你碰谁谁就将你扎伤——我到底爱谁。

你根本不是不知道自己想要什么，你是想要的太多。控制不好自己的贪心，只会把自己置于难处，总是常常忘记贪多嚼不烂。

但是为什么有的人看上去和我们一样贪心，但是他们却过得很快乐？

他们快乐是他们有贪心的本事，我们不快乐，是因为我们没有能够贪心的金刚钻，却总想揽些贪心的瓷器活儿。

有的人能做两份工，是因为他有效率，分秒都利用得刚刚好。

有的人能同时学好两门乐器，是因为他悟性好，还有时间勤练习。

有的人能在两个公司任职，是因为人家有能力，有人缘。

有的人早恋还能拿第一，是因为她双商都不低，还能控制自己的情绪。

对于有本事的贪心人，这些根本算不上贪心。

最可怕的是贪心的人，常常不知道自己几斤几两，再拿我自己来举例为大家做一个反面教材好了。

我大四的时候，觉得跳舞好帅，想做一个自由的舞者，但是看到大家去上班，又想做一个上班族，然后一边考试应聘，一边跳舞教课，两边都不放，两边都要抓，结果考试应聘没准备，跳舞也没有时间备课，临场发挥一塌糊涂。

我刚到北京的时候，想多赚点钱，觉得自己精力棒棒的，于是揽了三份工作在身上，有一种“我是女超人”的错觉附体，常常回家就开始做兼职，半夜 1 点睡，早上 5 点起，做完兼职去上班，然后那一个月，我只收获了痘痘、黑眼窝和崩溃的情绪。

我们总是在不断放大自己的欲望，想要见证每一份和自己擦肩的荣光，又不想放弃任何一个看起来对自己有利的机会，这也想要，那也想要，但是世界这么残酷，可能贪心的人里幸运儿也很多，但偏偏那个人就不是你。

如何避免贪心呢？可能贪心永远避免不了，但是你可以尽可能减少贪心带来的痛苦感和迷茫感，对此我有三条不负责的建议：

第一，为一个决定勇敢去做，同幻想与可能告别。世界上有无数个可能，幻想也永远没有尽头，你只需要切实分析现在的需求，以及客观分析未来的一段时间，考虑承受成本。

第二，正视自己的能力。贪多嚼不烂永远是真理，除非你真的很有能力，不然就别高估自己，努力做好一件事，就很了不起。

第三，为每一个决定买单。你做了的事情，可能会后悔，但是我们失去的永远比得到的多，可是你自己选择了，就要勇敢接受后果。

最后送大家一句《贪心的人和母鸡》里的一句话：

“贪心的人想把什么都弄到手，结果什么都失掉了。”

那祝我们，有贪心的能力，却没贪心的迷茫与痛苦，在每一次贪心里，都能保持一点成熟和理智。

当我们真的成熟了

我身边的朋友都表示，现在睡觉之前都会打开冰箱灌两口胶原蛋白和叶绿素，早上醒了也连忙再灌两口。

叶绿素是真难喝，不过难喝也要喝。很早以前吃过的葡萄籽也被翻了出来。

像我一直说的，我怕老呀。怕就得行动。

现在终于开始行动了，很多人都觉得有点晚了。

我朋友之前问我，是不是想做一个老妖精，怎么明明里面都熟了，还非要妄想套着一副鲜嫩的皮囊招摇过市呢。

永葆青春谁不想？我倒是想看起来永远 18 岁，而且就算少女的身体，熟女的心，不行吗？求之不得呢。

我朋友又说，那难道不应该要少女心和少女身搭配吗？为什么你能接受自己变成一个熟女？

其实，少女心很多女孩子都有，到了 70 岁还有，少女心和成熟并不矛盾，但是女人呀，不是谁都能熟的吧？

而且按大家的发育水平来说，大概 30 岁的女人才能被划为熟女的范围。我们现在顶多算一个轻熟女。

反正，讲真，现在越来越不怕自己变成一个熟女了。

按百度百科的解释，熟女的含义是这样：

真正的熟女应该是自信自爱，有内涵，有见识，气质优雅，活得有尊严、有价值、有意义，有自己的独立空间和丰富的生活，遇事沉稳，冷静思考，机智应对，不会一遇到什么事就惊慌失措，怨天尤人，拥有丰富的人生阅历和独立人格的新女性。

虽然看上去熟女这个定义还有点鸡汤，都是被大家说烂了的什么自信自爱，有阅历要独立，但是，和我想象中的熟女状态也差不了多少。

站在我的 24 岁期待我的熟女生活的话，我希望我的熟女状态，更能用程又青那句通俗易懂的话来解释：

“那代表了我终于远离了傻不愣登、幼稚无知、荷包扁扁、老是被男人骗的智障岁月。”

成熟了心智，成熟了荷包，也熟在性，熟在情。

首先是能正确看待自己的欲望，别用骗男人的那套假纯情骗自己。

我认识一个女孩子，比我还大两岁呢，总是喜欢装无知，还处在把无知当可爱的状况里，当然或许是真无知。

我们女生朋友聚会，偶尔会谈论一些私密的话题，大家不带调侃的，都是很正经的探讨。没有人觉得怎么样，但是她不行。她从来都是一种，你们怎么这么污，你们怎么这么不要脸，你们怎么能探讨这样的话题，觉得我们污染了她的耳朵，恨不得下一秒夺门而出。

讲真，我就不知道探讨一些如何保持女性生理卫生的话题哪里污了。我们再说得深入一点，要是赤裸裸地谈到两性，那岂不是污染了她的灵魂？

当然，有些人会觉得很多话题是不适合大家一起拿来讨论的，是要两个人悄悄说的，可是本来就是好朋友之间的私密聚会，也没必要和不要脸扯上关系。

不要把自己禁锢在贞洁烈妇的框架里，觉得闭口不谈、不敢关心就是纯洁，难道自己一个人在家偷偷百度就是纯洁？

成熟的本身是禁欲，是能更好地控制自己的欲望，但不是面对“性生活”三个字就如临大敌，畏畏缩缩。

我们谨慎，我们矜持，但是不应该害怕。

一个比我大 7 岁的姐姐跟我讲，到我这个年纪，你就能明白，很多女孩子为什么容易受伤了，因为她们总觉得睡了一觉两个人就要天长地久，其实睡是心甘情愿，天长地久也要心甘情愿才行。

她说别太单纯，也别陷得太深。能将性和爱区分开的女人不多，但是能狠心区分开和面对的，往往都很聪明。

我相信她说的。

而且，在感情这方面，熟女做的，也应该是落落大方。

为什么有一段时间韩剧《太阳的后裔》能火？为什么姜暮烟能被大家喜欢？不就是她有少女的颜、熟女的心吗？

你撩我，我也撩回去，我们在感情里的地位是平等的，我们要在一场感情里势均力敌。我不需要用一场被动去控制一场主动。

我喜欢你，那我们就见面就约会。我觉得我们价值观不合适，你长得帅，我也要和你分手。

而且姜暮烟在事业上，也能独当一面，完全符合熟女独立丰富、沉稳冷静的定义。

喜欢看这部剧，应该是终于看到女主角不是傻白甜的存在了，也不再是为了被男主角喜欢而存在，她不需要被解救，也不再需要救世主和白马王子。

她的存在，有了属于她自己的理由。

很多人说，国内的电视剧，女主角一定都很年轻。

也是，谁不喜欢看青春的荷尔蒙呢？可是荷尔蒙看来看去都是青春，而我们的成长早过去了。

我们不能再看着年轻女孩的爱情故事唏嘘了，我们也应该去了解更多成熟女人的经历。

为什么《欲望都市》《绝望主妇》这样的剧也能被大家喜欢？因为她们会探讨一些可能现实生活里永远都不会有人和你探讨的事情：

“第一次约会就上床的关系就止于性。”

“有时候玫瑰就只是玫瑰，如果是珠宝，那就另当别论。”

“要是男人超过 30 岁还是单身，那他一定有问题，他们在进化过程中被淘汰，那我们怎么说？我们只是太挑剔了。”

“我们可能自我感觉非常好，但是如果男人不向我们反映这一点，那就全不是那么一回事。”

“唯一比三十几岁单身还惨的事，就是二十几岁时孤零零一个人。”

“如果曼哈顿有足够的房子，我们应该都会单身一辈子。”

“这非常有趣，告诉一个男人，‘我讨厌你’，你将会有你有生最好的性。但是告诉他，‘我爱你’，你将可能再也不会见到他了。”

当然，她们说的不一定对。

但是，对不对，也要有人和你这样讲一讲，或者你自己这样想一想，才行。

我们不能一辈子只做一个傻傻的姑娘，让狭隘的单纯和纯洁至上。

如果生活一定要叫我做一个熟女，即使在年纪上再也无法遮掩，我也愿意的，我也不害怕。

因为我还是想要“远离傻不愣登、幼稚无知、荷包扁扁、老是被男人骗的智障岁月”。

既然我享受过青春，那我也勇敢迎接成熟。

我不怕成熟，就怕一直很无知。

姑娘，
质感比便宜重要

每次一到换季，大家大概又都忙着给衣橱换血。一个姑娘问我，为什么自己买了这么多衣服，一遇到重要场合，还是什么衣服都穿不出去。

她这么一说，我去看了看自己的衣柜，竟然也是这种感觉。如果今晚突然有一个重要的活动，我到底该穿什么去参加呢？

那件不够有质感，这件衣服不够显正式，那件衣服的款式太夸张，另一件看起来太臃肿……选来选去也不知道选哪一件。

本来是姑娘一个人的烦恼，现在两个人一起：“为什么呢！明明钱没少花，月月吃土呀，但是数量有了，质量怎么没上去？我已经遇到好几次这种状况了，也不知道怎么解决。”

我和她坐在一起，努力回想总结了一下，这些衣服当时……到底是怎么买回来的？！

其实看来看去，发现大部分被自己堆在角落里的，都是各种便宜货。当时看着不贵，又有那么一点喜欢，想着就算买回来不穿也不会觉得可惜，就入手了。晚上睡觉前随便看上一件衣服，明明不缺，但是看着价格美丽，也就忍不住下了单。还有和朋友逛街，看到打折优惠的信息，觉得这次买了就是赚，也毫不犹豫地刷了卡……

结果衣柜的门都要撑开了，却没有一件是自己特别需要的。觉得反正便宜随便穿穿，到最后整个衣橱就真的随便起来了，没有几件上档次又不过时的门面装。

很多姑娘都这样，总是忍不住想贪便宜，觉得自己拥有了好多衣服好开心。其实一点也不便宜，因为入手了一堆一次性衣服的钱，也足够买几件撑起门面的大衣。

当然，有时候自己也会看上几件很有质感又大气的衣服，但是架不住同样的钱，可以买更多其他衣服的诱惑。想想买东西这种消费观可能有点遗传，就拿我妈妈来说，她就是这个样子，她非常喜欢买鞋子，也喜欢收集各种各样的鞋子，遇到便宜的会买，哪双有折扣买哪双。我家有一个鞋柜，里面堆满了她的各种鞋子，可没有几双是她需要的。总是穿在脚上的，还是固定的那几双，有的甚至都穿破了她也不会换，她说旧鞋子舒服。然而鞋柜还会继续添加新成员……

过分贪图便宜，也是一种病态吧，我们可以不把生活过得很贵，但是也要有从便宜货里逃出来的能力。

我曾和一个时尚杂志的主编姐姐聊天，她劝我说：“姑娘，其实别总是买便宜货了，不是因为我在时尚媒体工作才这样讲，而是到了我这个年龄才发现，一分价钱一分货都是真相，不管是从衣服的质量还是从心理上来说。

“就说便宜一点的衣服，它在剪裁上很少特别合身。因为批量生产，成本不高，但是利润也不高，只能薄利多销，既然要多卖，就要最大限度地去适合高矮胖瘦各种人群。而贵一点的衣服，每一件都有它特定的人群，稍微矮一点的不能穿，太瘦的不能穿，太胖的不能穿，它都划分得很好，虽然它贵，但是它看上去就像是为你量身定做的。

“再从心理上来说，一件衣服贵，你就会很爱惜它，你会把它当作一项投资和财产。很多便宜衣服你放在洗衣机里甩来甩去，结果第二次就报废了。而贵一点的衣服你会好好爱护，小心翼翼地去呵护，延长它的使用寿命。如果买到了经典款，穿上五六年都没有什么问题。其实这样算下来，比便宜货还要便宜。而且你会因为这件衣服提升一点自信。虽然说买大牌是虚荣，但是买贵一点的东西，也是对你自己的肯定，因为你有能力才会买呀。”

听这个姐姐讲完，我还是有一点感触的。这样看来，买东西有时候就像我们的人生，我们面对好多选择，都是选择了那个就放在眼前，看似成本不高但其实自己并不是很需要的，结果真正的成本在后面。

很多姑娘会觉得三百块的口红很贵，几千块的包包没必要，上万的大衣离自己太远，但是仔细算一下，大家都买得起，只是没想到而已。人生的格局也不应该只放在便宜货上。

当然也不是所有贵的东西就是好，因为有一句话说得好，当你需要买一件东西时，便宜的和贵的，你需要选择的是自己需要的。

如何在一堆繁杂的选择里选出自己最需要的东西也是一种能力。因为现在商家的促销太诱人，而我们又总是想变着法子换点新花样，尤其是动不动就会出现很多购物节，看大家都去疯狂剁手，自己不剁一下就不过瘾。

我打赌，在购物节里，很多姑娘就等着清空购物车了，很多姑娘就要为自己的不理智吃土几个月了。反正我的好朋友已经杀红了眼，看到什么都往购物车里加，从看到优惠信息到预付定金，思考时间不超过三秒……我看了一眼她的购物车，就已经想到她这次剁手的结果了，买回来大部分都要退掉，而退不掉的就开始后悔。

我们总想着趁着便宜，却没想到这都是商家最想要的结果，我们应该看透这种消费主义陷阱。理性消费，也不要总是去做一个贪便宜的女孩子。

如果说女孩子的人生有两门必修课，一门是如何理性地去爱人，另一门就是理性地去购物。我们是时候把脑袋放清楚一点，认认真真地挑选一次真正的低价好物，也应该认认真真地买一点好东西。

好的生活
不用特别贵

我还在做内容编辑时，做过一篇内容专辑，是推荐一些买了之后生活一下子变好的小物。这些小物花不了什么大钱，但确实一下子就把生活质量提上去了。

大家看完之后反响超级棒，纷纷评论说：真的，像一些简单的咖啡机、滚筒粘毛器，确实很便宜，又好用。

到底什么是好生活呢？好生活就是让你觉得愉悦，让你满意，让你觉得舒服。这种好生活不是和花多少钱有关，只和生活心情有关——原来好的生活真的不用那么贵。

当然也有朋友评论说，别费力了，没有钱就别谈什么好生活，买这些廉价玩意儿只是一场自我安慰罢了。

其实，之前我也是这样认为的。尤其是刚上大学三观还在动摇的时候，我觉得好生活就是要用最新的苹果手机，就是要喷香奈儿的香水，就是要涂 SK-II 的眼霜。溜冰鞋要买贵的，网球拍想要有格调的，连用来装书的包包也最好看上去特别高大上。

那个时候我还有“暴发户”思想，一边给自己列举的心愿单都已经是自己知道的最贵的了，一边又觉得自己好可怜啊，用的东西都这么便宜。我还暗暗发誓，有朝一日，等我有钱了……年少轻狂又无知时，还以为好生活就像郭敬明描写的那样，“我不知道我一个几乎不用笔写字的人，为什么要花四位数买一个爱马仕的笔记本”。

难道一辈子没钱，就一辈子别过好生活了？可能你奋斗一辈子，依然真的不会太有钱。

那好生活还过不过？当然过，该怎么过怎么过！因为就算没有钱，好生活也还有另一种样子：

比如你下班有心情从地铁口买一束插花，就算插在剪掉口的矿泉水瓶子里也觉得心里美滋滋，今天我真的好浪漫。

比如你淘了一套设计干净简洁的茶具，摆在桌上，同事、朋友来做客时就可以适当显摆一下。

比如你学着网上的样子做了一顿西餐，就算配上几块钱的盘子，也有一种“我好想嫁给自己”的幸福感。

反正好生活就是不管你有没有钱，你都有热爱生活且改善生活的能力。

像之前我工资还超级少的时候，在租来的小房子里，每天早上给自己搞一个简易三明治，鸡蛋液裹着全麦吐司不放油在平底锅里过一遍，一根香肠煎一下，三片生菜，两片西红柿，热一杯牛奶，全程五分钟，真是懒床党福音，搞好了偶尔拍一张照片，边吃边修图，然后发到朋友圈，匆匆去挤地铁。

有几个朋友给我留言说，哎呀，果然是去大城市工作的人了，吃的就是洋气，果然大城市的生活水平就是比我们好，果然去大城市的人就是讲究生活质量……

其实，这样的人我都想拉黑，为什么，因为他们无趣，他们有点困在自己的平民思维里，还不许别人有趣。

还有的人觉得没钱的小孩就该穿得邋遢，工资少的人就不能有一场矫情的享受，赚钱少的人连挑肥皂盒用了点心都是罪。

就说我的早餐吧，造价我算过，也就三块钱，而且西红柿和生菜有什么洋气的？如果生吃算是一种洋气，那我服气。

不知道有人看了我的朋友圈会不会觉得追我好贵，毕竟我早餐都吃的是西餐哎。

可我不想吃早餐店了不行吗？我一定要啃个大馒头才配得上我住出租屋的身份吗？而且北京的馒头也不便宜的，买回来也想用鸡蛋炒炒吃，炒完了依然会加个滤镜发个朋友圈，让它看上去异常美味。

我的房子是租来的，可我的生活不是啊。

我依然有远大的想成为“暴发户”的理想，但是在现实的力所能及的范围里，我依旧想给生活加点料。

之前看过一篇文章《为什么我月薪两万，却连一杯星巴克都舍不得喝？》，按说月薪两万在北京不算低了，一杯星巴克大杯30块左右，要省钱，不敢喝，没什么，毕竟一天一杯也差不多要一千块，可是为了省钱，真的要戒掉喝咖啡的喜好？也不用啊，买一个价位低一点的咖啡机，买包星巴克的咖啡粉、咖啡豆，自己煮一下，一杯单价就低好多，一千块可以喝好久。钱是要省，精打细算的生活也可以很好呀。

当然，如果你觉得自己煮的就是掉价，没能让你满足且愉悦，那这也不算好的生活。

再拿穿淘宝货到底 low 不 low 来说吧，很多人都羞于说自己穿的是淘宝买来的衣服。我觉得 low 不 low 和衣服、鞋子从哪来没多大关系，有关系的是审美和品位。毕竟很多国际大牌都去淘宝店了，我也知道很多有钱人也常常淘宝到不亦乐乎。

就像我一个闺蜜因为审美好，淘宝一条 99 元包邮的裙子穿去聚会，大家都觉好有质感好大牌。其实只是搭配得好、款式选得好罢了。其实她的很多衣服都不贵，但是看起来就是不廉价。

还有一个闺蜜开跑车，全国各地去买房，说真的我也想这样，开着百万跑车在淘宝买 9.9 元包邮的卷发棒，买 19.9 元包邮的凉拖。最关键的是，我们好久不见，她会带我去吃一碗 5 块钱的凉皮，也会吃好贵的豪华自助。

有钱人的生活就是这么任性，因为他们的生活，用不着用价钱为一场舒服和开心标价。

那至于“好生活没那么贵”这种观点和态度是不是一场自我安慰，也要分情况而定了。

如果你一边为可以过更贵的生活努力，叫喊着“我只要爱马仕人生”，一边又享受着现在的生活乐趣，能吻一朵街边买来的玫瑰，那就不是自我安慰，因为你的心态能决定，不管你有没有钱，你都会有一场好生活。

有的人虽然真的想买那些好贵的东西想疯了，但就是懒惰且不上进，对生活不满，最后只能告诉自己，便宜东西也挺好，那才真的是一场彻头彻尾的自我安慰。

而如果你一边羡慕别人买大牌花大钱，一边却连一顿简式三明治都忍不住鄙视，觉得不够有钱就是要无趣地清苦，那你以后再有钱，也是要被钱束缚的，或者变成一个十足的“暴发户”。

好的生活可以贵，也可以不贵，而且好的生活也不用那么贵，至于这个贵的程度，每个人心里都有衡量标准，不管这个标准是什么，只希望我们，能更有钱，也能更有趣，生活只会更好。

和生活谈恋爱，才能更愉快

每年招聘季，面对毕业，很多人都觉得有种抽筋刮骨一样痛苦的选择困难症。

我收到过读者的私信，说："马上就要毕业了，我一个二本的农村家庭的学生，我该去大城市还是留在小地方？我资质平平，怕在大城市活得太辛苦，我觉得小城市其实发展也挺快的，我的同学们都去了大城市，我不知道我该怎么选。"

我没有本事作为一个过来人指导她如何生活，也没有解忧杂货铺的智慧，不过好好看她的问题，其实都用不着我说什么，她最喜欢的答案都已经在问题里了。

相比大城市的辛苦，她更喜欢小城市的大有发展，但是她害怕的是同学们都去大城市了，好像如果只有她自己回到小城市的话就是失败。

失败不失败还真不是在哪生活来决定的，而且大城市的一张床和小城市的一座房，这种问题真的已经被探讨烂了，永远是一场一方试图说服另一方的循环游戏，只不过是想让对方认同自己的观点而已。

我上大学的时候目睹过两个同学为这种事大动干戈，本来是一次闲谈硬是变成一场争论：

一个说自己就想去大城市过一下丰富的精神生活，看看这里看看那里，施展抱负和才华，让你这种小地方的坐井观天都去“狗带”。

另一个说，你连房子都买不起还精神，你去神经吧，学这么多年的物质决定上层建筑都被你吃了吗？你个文盲！

最后两个人从争论又演变成人身攻击。

探讨过来探讨过去有什么用呢，没有答案的，就像“一个你喜欢的人和一个喜欢你的人摆在面前，你到底选哪个”这种问题一样，答案都是自己的最好，当然选择你自己最想选择的那个！

就像一个腰缠万贯想拥你入怀，但你偏偏就是看上了隔壁没车没房的穷小子；或是一个人穷得就只剩钱了，但你觉得有钱没什么不好，便毫不犹豫地将绣球抛给他。

关键还是心态，你最想和什么样的人一起生活，那不管你选择了什么样的人，都能快乐。你选择什么样的城市也就有什么样的快乐。

其实，原来我根本不懂心态这种事，觉得好不容易从小地方走出来，才不管自己是不是女孩子，怎么也得拼一次。我在和我妈相互说服时，总是和她吵架，她说我年纪轻轻看不清现实，我总拿她没事干就跳广场舞、斗地主什么的说事，说我可不想一辈子就这样走过来。

如果能回到吵架那个时候，我一定不这样说，我妈就是一个趋向知足常乐的人，她这样过得很快乐，她只是希望我能和她一样快乐。

不过那个时候的我真是太天真了，觉得逃离小城镇就不无聊了，结果大城市的人为了不无聊也跳广场舞，而且他们不光斗地主，还打麻将。

生活在哪都是过，只要我们能快乐地承担选择带来的后果，而且生活充满变数，就像恋爱里会分手，会失恋。

大学时常常在朋友圈写诗的团支书，他大一大二时的愿望就是回家开个超市当老板，无忧无虑多快活。大三谈了女朋友就和超市这个愿望分手了，觉得还是一起和女朋友在我们大学的城市奋斗好一点。结果大四毕业没了女朋友，就一路从河北到天津又跑到沈阳工作。每一次选择，他都能坦然接受选择的结果。

我宿舍老大，说以后才不要远离爸妈，一个人在外面吃苦受罪。结果毕业还是走了，找到一个稳定却辛苦的工作，和男朋友一起为买房奋斗。

能接受自己的选择，有好心情承担选择的结果，才是生活的正解。就像谈恋爱这种事一样，不管是相亲还是自由恋爱，心态摆好，就什么都不是问题。

当然也有很多不快乐的人。

我一个小伙伴一毕业就回到家里了，他常常微信问我现在一个月赚多少钱，几乎每个月问一次。问完了再感叹一下，说自己生活多无聊，说自己薪水多微薄，说自己真是遭受奇耻大辱，竟然还没我一个女孩子赚得多，说自己坐办公室喝茶什么的真是要憋出病来了。

他憋了快一年了，这病也没好。抛开他的性别歧视，单看他的闷闷不乐又不做什么改变，想要我的工资又不想和我一样挤地铁租房子，我决定下次把工资说得更高一点。

毕竟自己给自己找乐子的人超级多。利用时间写写字、看看书或者自己做个小生意玩的人大有人在。毕竟做微商都比板着脸只想不干有意思。

有人就是喜欢在阳光明媚的 3 点钟喝茶、看报里找到快乐，在小城市的机遇里默默打拼；有人就是喜欢从挤地铁开始看自己一步一个脚印走得踏实，在大城市的机会里默默奋斗。

最重要的，我选择的我会喜欢，不管什么生活，我都有良好的心态去承担。就算我是被迫选择，那就尝试一下改变。

毕业了就像谈恋爱，你选择了一个城市，就是和这个城市谈恋爱，就是和一种生活方式谈恋爱，不过有甜蜜就会有难过。

我们不需要相互说服，我们只要和自己的选择谈一个美好的小恋爱。

即使在最坏的时候，也不要让自己变丑

在所有小妞电影里，最不喜欢看的情节就是女人失恋。

因为在编剧那里，女孩子失恋，就一定会把自己折腾得面如死灰，邋遢的睡衣标配几天没洗的鸡窝头。

比如在《闺蜜》里，被甩了之后的陈意涵，吃饭需要闺蜜喂，上厕所也需要搀。

在《巴黎假期》里，男朋友事业稍微有点成就就被分手的郭采洁，在家不见天日，皮肤都捂出了病态的吸血鬼白。

而在《失恋 33 天》里，黄小仙被大老王揶揄成“外贸尾单”真的一点也不过分。

还有好多电影都有这样的情节，失恋了的女孩，魂不守舍，三天不下床，五天不洗澡，吃不下饭，睡不着觉。

其实我懂，着重渲染这一低谷状态，是为了衬托日后的重生，这样由丑到美看起来才励志，也能放大在遇到男主角时新欢新爱带来的积极改变。

不喜欢归不喜欢，可偏偏艺术来源于生活。这种失恋能代表大部分女生的失恋状态吗？

客观一点地说……能，而且还会比电影里的状态更差。

毕竟女明星她们为了拍戏还是化了妆的，再扮丑，颜值在线也不会真的丑到哪里去。而有些女孩，失恋时的丑，是真丑，为了一个离开的男人把自己折磨成负能量爆棚的鬼见愁，很长时间走不出来。

可能越是自己做不到的事情，大家看起来越是过瘾。电影里的那种从鬼见愁又变身小仙女的情节，切中很多女孩内心那种“我离重返美丽巅峰不远了”的状态，但自己又苦苦挣扎着，一根救命稻草也抓不到。

像多少女孩子私信我，说什么这是第三个月了，自己还是忘不了他，或者说对方都要结婚了，自己依然做什么事情都提不起精神，说自己连买买买的能力都丧失了。

失恋里的丑，不单单是外表，更多的是整个人被糟糕的心情拖到腐烂的节奏。

我不知道怎么安慰她们，毕竟每一个人的感情陷入程度不一样。讲真，我觉得自己其实算得上分手之后潇洒的了，该见的人会见，该玩的时候会玩，该做的工作努力做，想买的东西努力买，尽可能地让自己开心。但是也会有几个矫情的时刻突然发神经，不可避免，只是悲伤和不振作，不是我的主旋律。

24 岁之前，我失恋的时候总爱拗姿势，觉得失恋的人最可怜。失恋的人有资格质疑人生，有资格让“悲伤”这个看起来矫情的词语充满浑身每一个细胞。大概让自己颓废一点，丧一点，就能得到这个世界的同情。

但是 24 岁之后，我安慰自己最多的就是，谈崩了爱情，我不能再崩了自己。

身边很多女孩的想法差不多都一样，“我不想做外贸尾单，就算被分手、被放弃、不被爱，我也想做奢侈品”。

一个真正可以独立生活的人，可以忙于自己的人生规划，一步一步努力走的人，是不会因为生活里缺少了一个人，或者将要缺席一个人，就把自己置于绝境的。

现在大环境流行创业，我身边很多厉害的女孩都在自己做事情。其中有一个女孩是文化公司的 CEO，每天很忙。她在我心里真的是一个优雅能干的女人，很多女孩子都能被夸漂亮，但是不是所有人都撑得起“优雅”这两个字。她失恋之后，整个人的生活节奏都没有被打乱，对外工作，笑容还是一样的笑容，逛街买衣服买鞋，也不考虑什么“女为悦己者容”。只不过是在深夜的朋友圈，我看到她发了又删的状态。再无其他。

所以你看，很多女孩分手之后，允许自己矫情，甚至允许自己抽出一段时间专心致志地难过，但是绝对不会允许自己因为失恋，或者失去一个人，就拖垮整个人生的进度表。

我记得电影《实习生》里有这样一个桥段，安妮·海瑟薇扮演的女老板很早就发现自己的丈夫出轨，但是自己只是在出差的一个晚上，和老朋友聊起，坐在酒店的床上崩溃大哭过一次。

崩溃的情绪人人有，但是就算崩溃，泡澡也不忘记用祖马龙的沐浴油。伤心之后，醒来要打满鸡血去和别人谈合作。要妆容到位，要衣服有品，要笑容好看。

所以，有些姑娘，失恋归失恋，节奏一定不会乱，让人羡慕。不是女战士，也不是女强人，就是普普通通的女孩。不光爱情，不管做什么，都“反正生活已经这样坏，我不能再让自己变丑了”。

有的人就连伤心时也要泡泡浴，有的人就算泪流满面也要涂口红，有的人尽管哭红了眼，也会强打起精神，护肤步骤一个也不能少。

这是一种我们无法强求的能力，但是可以培养——即使是生活里最坏的时候，我也不想让自己变丑。

我们要对待生活，就好像那是一件容易的事，因为我们的生活本身就总是如此。

她们也曾
一无所有

我曾收到过一条留言，一个女孩子说："姐姐，我现在是一个学生，家里条件不是很好，光支付自己的学费就已经很吃力了，我没有多余的钱买面膜，更没有钱去买包买鞋。"

她说，有时候觉得自己挺自卑，因为周围的人谈论的话题一直是剁手，尤其是最近又到了一个购物高峰期，买买买是每天卧谈会主题之一。但是她自己没有钱，更不想张嘴向家里要，所以有时候觉得和周围的人格格不入。

那天晚上我和她聊了很久。

我觉得一个年轻的女孩，买不起面膜、买不起包并不是什么丢人的事情。而且她是一个学生，大部分人花的还是家里的钱，并不代表你自己怎么样。

所以现在买不起又怎样？又不代表以后一辈子都买不起，没有必要自卑。最关键的，还是要在现阶段好好努力，相信自己以后什么都可以买得起。

可能大家都会有这样的感觉，为什么周围的人总是看起来过得很轻松——她们想要包就买了，她们想要面膜就囤了，她们想去旅行就去了，她们坚持“一定要对自己好”的消费主义，只要觉得自己开心，花点钱一点也不在乎。而且现在随处可见的都是女孩子你要精致，女孩子要对自己好，这全都是消费主义的圈套吗？

不管我们承不承认，就是有这样的人存在，你以为那些鼓吹我们去消费的文章，全都是打肿脸充胖子的穷光蛋写出来的吗？是真的有很多这种有能力对自己好的人，站在切身角度去讲述的。

其实，这些人也并不都是天生带金的，很多人都是从一无所有一路走过来的。她们吃过的苦，受过的累，都是把现如今美好生活撑起来的必经，没有谁真的像表面那样看起来轻松。

有一个和我一样写文章的朋友小 P，她原来在一个公司上班，一个月只拿四千块钱的工资，交完房租还剩两千多一点，这两千就承包了她接下来一个月的衣食住行。

后来她开始写文章、写故事，定期发布到各平台上，文章被纸媒转载，会有几百块的稿费，因为越来越多的人知道她会写东西，就开始有人找她写商业软文，软文价格是纸媒的好几倍，她一个月的收入也能翻番。

更有一次她写了一篇故事被影视公司看中，影视公司用很高的价格收购了这个故事的影视版权。小 P 后来就辞职不去上班了，全身心地在家里写随笔写故事，慢慢地走进了一个正规的圈子里。

再后来我和她约饭，看她背的都是不错的包包，用的是最新的手机和电脑，整个人的生活水平都提高了不少。

我说我嫉妒你，一不小心就变富婆，而且路一下子就宽阔起来。

小 P 反驳我，哪里有那么多一不小心，还开玩笑说，大纯，你的眼睛是高度近视吗？我每天通宵写稿熬出来的黑眼窝你是看不见吗？我内分泌失调到大姨妈都不正常。

我点点头，生活水平别说上一个档次，上十个档次都是应该的，别说路宽了，走到罗马去也应该。因为一个标题抓耳挠腮一个小时，因为几个句子的遣词造句琢磨半宿，这都是常态。其他的辛苦就更不用说了。

我身边很多人都是慢慢这样从无到有的，可能并不是特别成功，但是确实有能力让自己过得还不错了，或者说，有底气对自己好了。

一个和我玩得非常好的小女孩，她刚来北京的时候也是做着月薪不高的工作，学生气，又稚嫩，一开始一起去逛商场，她觉得好多衣服都好贵，舍不得买。

可是现在不到半年，那些原来看起来好贵的衣服她都买得起了。

是不是速度很快？甚至很多不了解她的直男还问她是不是去卖了，不然怎么会这么快就月入不少钱。

讲真，问出这样问题的男人，应该为自己的眼界和见识羞愧的。隔行如隔山，不要自己露怯，自己不知道如何创收，就不要质疑别人做不到。每一个人赚钱的方式都不一样，写字的靠稿费，上班的靠升职加薪，各人有各人的方式。

所以，我觉得这个时代真的很好，只要不懒就会有钱赚。只要你没太放弃自己，好好努力，这些都会变成小事情。

而且我们要看的，不是她们买了什么，毕竟每个人的消费观念和水平都不一样，我们要看的，应该是背后，是她们怎样获得这样对自己好的能力。

如何把生活越过越好，才是我们应该关注的重点。

那我们的生活真的可以像电视剧里的女一号一样，越过越好吗？

要我说，真的可以。不看那些明星，也不看那些本身就是一本励志书的企业家、政客，就看看我们现实生活里的普通人，难道很多人不是真的都在越做越好吗？

我最近加了很多读者，有时候翻翻我的朋友圈，会发现很多关注我的姑娘都很厉害。

她们中有人像之前我提到过的薇薇那样创业成功的，从一个普通女孩做到一个创业好几次的创客。也有学历不高的女孩，学习了像化妆、美甲这样的一技之长，自己开店，因为聪明好学技术好，甚至开到连锁店的。还有很多女孩毕业时还是一个傻白甜，慢慢长成一个能在部门里扛起工作大旗的高收入白领。

其中一个女孩在深夜给我留言，她说我不用回复她，她就是想说一下自己的心情，因为那天她终于升职了，在一个公司待了两年，从一个月工资一半都用来交房租，到现在自己的能力得到老板的认可，慢慢做到了总监的位置，新换了独立办公室，月收入翻了好几番。

她给我留言时就坐在新办公室里，看着桌子前自己的名牌，激动得不想回家睡觉。那些买不起面膜的日子，都一去不复返了。

所以不管是乡下来的小姑娘，还是小城镇的小女孩，或是本来就生在大城市的女生，年轻时买不起面膜、买不起包包真的不算事，年轻时没有一个能让自己以后买得起面膜、包包的能力才是一件可怕的事。

我们的人生就是一场接一场的进步，不用去羡慕那些看起来风光的人，她们也经历过很多你想象不到的迷茫、压力和辛苦。而现在卖惨不值得称赞，只有轻松做事才是真正的厉害。

很多东西，你相信自己会有，以后就真的会有的。

实打实的努力永远不只是一碗鸡汤，而是不满足现状、想对自己好的人给自己的鼓励。

所以，你也不用看着她们的腊梅、神仙水叹气，更不用觉得她们的爱马仕、迪奥和自己有距离，你就想一想，以后啊，这些东西，你自己都买得起的。

戒不掉的
高跟鞋

和幺幺去看夜场电影，排队等电梯时，看到我们前面站了一个光脚的女孩子，瘦瘦白白的，穿一身吊带连衣裙，隐隐约约能闻到她身上淡淡的香气。

因为光脚，让人忍不住多看两眼，她的高跟鞋被身边的男人提在手上——一双银色的 Jimmy Choo。电梯到了，男人轻轻地把鞋子放下来，扶着女孩让她穿上。

明明穿高跟鞋那么累，不用一天，几个小时走下来，脚就已经不是自己的了。但是尽管再辛苦，辛苦到需要光脚，但还是有人前赴后继在高跟鞋这条路上狂奔。

不用说，高跟鞋是每个女孩子的梦想——从小时候偷穿妈妈、姐姐的高跟鞋开始，什么时候可以有一双自己的高跟鞋，很多女孩子都希望收到一双高跟鞋作成人礼。

越长大越有很多愿望。

最好是衣帽间可以有一面墙，墙上钉上大大的柜子，什么也不放，专门用来放高跟鞋。最好是从低到高编上序号，从浅到深排好色表，从细到粗做好分类，从日常到宴会做好记号。

哪双鞋和哪条裙子搭心里有数，哪双鞋见哪个人最合时宜。可能她连你的电话号码都记不熟，却绝不会忘了自己有几双鞋子。

女孩子为什么这么喜欢高跟鞋，从她买第一双高跟鞋开始，像有瘾停不下来。大概是，买到手里的，穿到脚上的，不只一双鞋子这么简单，是一种姿态，是一种心情。“鞋子与女人一同分享经历，不论你处于人生的哪一个阶段，无论身材肥胖或纤瘦，鞋子永远跟你在一起。”

再无精打采的人，只要高跟鞋一上脚，都会不自觉地背挺三分，肩膀打开，下巴微微抬起。穿上高跟鞋就好像自己给自己加冕，高跟鞋就是权杖，穿上就是女王出征：征服自己，时刻注意形象；征服生活，时刻有爱自己的心情；征服工作，再困难的事情都能踏过去。

当然，也包括征服男人，我烈焰红唇高跟加身，你就得小心。

更何况，穿高跟鞋的女人更让男人青睐。据《性行为档案》刊出的一项研究结果显示，穿着高跟鞋的女人，在一定程度上可以更吸引男人，甚至能让男人主动搭讪帮忙，而且，鞋跟越高效果越好。

但是有趣的是，本来高跟鞋是给男人穿的，鞋跟稍高，骑马方便，还能让人看起来高大魁梧。可男人慢慢把这项特权交给了女人。

关于女人为什么开始穿高跟鞋，还有一个故事。

据说15世纪意大利威尼斯的一位商人经常要出远门，可他的妻子年轻美丽，为了把她困在家里，他给妻子制作高跟鞋，让她难以在满是泥沼的水城行走，也不能经常在船板上跳来跳去。但是他的妻子穿上这双鞋子觉得新奇有趣，反而让佣人陪同着到处游玩。因为难以行走，更加注意姿态，反而又给她加了不少分。

当然要加分了，穿上高跟鞋的女人，臀部不自觉微翘，大腿有力收紧，线条变得更好看，毕竟高跟鞋，美丽又危险，连举止投足都小心三分。高跟鞋就是这么神奇。当年玛丽莲•梦露不就是因为穿上了一双金属细跟高跟鞋，才一举成名吗？所以她曾说："虽然我不知道谁最先发明了高跟鞋，但所有女人都应该感谢他，高跟鞋对我的事业有极大的帮助。"

那么，当男人看到这样平添姿色的女人，当然也忍不住上前来献殷勤。更何况，在意大利文里，高跟鞋是Stiletto——窄细的锋利匕首，这种看起来致命的东西被本身就充满吸引力的尤物穿在脚上，致命里都是不能拒绝的诱惑力。而很多男人都愿意玩扑火的游戏。

可是现在已经不是灰姑娘姐姐们的时代了，削掉脚后跟只为穿给王子看，现在是喜欢高跟鞋的女孩子，能忍能痛，只为让自己好看。

穿高跟鞋的女孩子，不只是行走的荷尔蒙那么简单，她们是在回馈自己的美丽，毕竟一个不修边幅的女生永远不会有心情换一双好看的鞋子，一个连口红都不想涂的女生，永远也不会顾得上脚上的鞋子。

那爱穿高跟鞋的，爱买高跟鞋的，大概永远戒不掉，一边买一边穿，一路痛又一路走，一路走也一路美，并且努力寻找让自己美丽的能力，从审美品位到人民币——世界上那么多好看的高跟鞋，只要我想买，只要我能买得起，多一双也只是多一双选择而已。

在《欲望都市》里，高跟鞋买买买小能手 Carrie 说："站在高跟鞋上，我才能看见真正的世界。使脚不舒服的不是鞋子的高度，而是欲望。"

是啊，如果鞋子合脚，你穿 5 厘米的高跟鞋已经是极限，而你非要穿 9 厘米的，让你疼痛的，只是你的欲望而已。当然，如果这种疼，你能忍，那疼痛就在欲望之下。而不管大牌小牌，只要自己穿得有趣，就算穿一双杂牌鞋，也不会因此而自卑。

我们要驾驭高跟鞋，而不是让高跟鞋来驾驭我们。有平底鞋的平稳，又要有高跟鞋的冷艳霸气和征服，还有夜晚赤脚踩在地板上感受自己的真实。

不过，肯穿高跟鞋出来逛街的女人大概分三种，第一种是不怕累不怕疼不穿高跟鞋不出门；第二种是身边有一个肯为她提鞋的男人；第三种是不穿高跟鞋不出门，身边还有一个愿意提鞋的男人。

第一种，不怕累不怕苦的，再累只要自己美着，就能穿，挤得了地铁，上得了公交，开得了车，坐得了副驾驶，什么都不含糊。就连抱着孩子，也能用高跟鞋走出想要的样子。

第二种就有点复杂，女人身边终究会有一个男人，但从心底里疼你，愿意帮你提鞋、穿鞋的，却未必都能做到。有的男人不愿你穿高跟鞋，怕你高过他，怕你美丽得太招摇。而有的男人，从不会因为身边的女人太美丽而过分着急，他只心疼你脚趾会痛，脚底会酸，不在乎你花了多少钱，刷了几次卡，只要你不辛苦，愿意双手奉上全世界的好鞋子。

而最理想的状态，不就是第三种吗？

我穿着高跟鞋，你挽着我，你知道我戒不掉高跟鞋，也知道我戒不掉肯帮我穿鞋的你。

第二章

看得起自己，才能拥抱世界

没有穿过丁字裤的女孩

原来看过一个故事，几个二十多岁的女孩凑在一起说自己还有什么想做的事情没做过，一边讨论一边写下来。

不说不知道，竟然有这么多：

没去看过日出；

没有玩过一次通宵；

没有在酒吧喝过一杯酒；

没有学会弹一首钢琴曲；

没有去蹦过极；

没有去潜过水；

没有穿过比基尼在海边晒太阳；

没有在沙漠里骑过骆驼；

没有参加过一次马拉松；

没有试过 9 厘米的高跟鞋；

没有上台跳过舞；

没有穿过丁字裤；

没有看过夜场电影；

没有像电影里那样和心爱的人冲着海浪大喊……

越写越多，越多越觉得兴奋，因为发现自己有好多事情没做过。

然后她们几个人下一步计划就是把这些事情做一做，先从最容易实现的开始做起，比如试一试9厘米的高跟鞋，去看一场夜场电影，结伴去买一条丁字裤……

去把这些事情一件一件做完，那是一种什么样的感觉？

紧张、开心。

世界上有那么多新鲜好玩的事情，我们连碰都没有碰过，竟然还在矫情地感叹什么生活无趣！前面明明有无数块新大陆等着我们去探索！

不管做完自己到底喜不喜欢，反正是体验过了，总比整天葛优躺还不能心安理得要好多了。

我和好朋友甜妞探讨，她说这种感觉她也有过。

上大学时，她不明白为什么自己一个人要跑到大东北这么冷的地方去上学。人生地不熟的，也没什么特别知心的伙伴。

孤单寂寞冷。想退学。想回家结婚。

想回家随便找个工作。

反正大学毕业了也一样要工作，为什么现在不回家？

这种状态持续了好久。

这种想法时不时地从她脑子里冒出来。

她觉得，除了学好专业，也是时候给自己找点乐趣了。她要把自己想做还没做的事情写下来。

所以，当她开始学习弹钢琴的时候，生活就变了。

每天下课了去钢琴教室上课，愣是从磕磕巴巴的二指弹练成一首完整的《卡农》时，她一下子觉得自己无所不能了。

接着她又发掘了自己的演讲才能，去虎园当解说员。因为虎园外国朋友比较多，她又觉得不把英语学好多赚点外国人的小费对不起我们祖国的GDP，她又开始重新学英语，练习英语口语。她现在能当全英语导游，也全靠当时的小兴起。

我一直说甜妞是个傻大姐，每天傻乐呵，真的有原因，她现在确实不会被什么生活无趣这种干瘪的理由干扰。觉得没意思觉得烦，就去爬长白山；就和朋友去滑雪；要不去泡温泉……

还有我表姐，她每天的新尝试也奇奇怪怪，比如大学时喜欢哪家冰激凌就去那家店打工研究做法；周日和朋友去射箭；去画油画；去海边坐一晚上看看月亮；新出了什么饮料一定要尝一尝，今天做寿司，明天烤面包……只有我想不到的，没有她不会做的。

我表哥也是，带着女朋友去潜水；带着她吃遍簋街，拉肚子也不影响下次接着去。用他们的话就是，没做过，就试一试，试一试才知道喜不喜欢。

上次我们也约定好了，下回能不能找一个玩咖带我们去夜店看一看，因为没看过啊，连夜店的门口都没有站过。非常好奇。

那想去夜店是变坏吗？

不是。是开始慢慢接受生活里所有很可能有意思的事情。

讲真，在来北京之前，我也并没有关注过自己还有什么没做过。

大学的时候我一直做个“乖乖女”，从没错过宿舍 10 点半的门禁，舍友偶尔拉我去通宵唱 K，我都会以对皮肤不好为由而拒绝。很多次我的外国同学要我一起去她们常去的音乐酒吧玩，我都觉得放不开，算了。

任何有违我生活规律的事情，我都是不想不肯，活脱脱像一个谢耳朵。除了学习和工作，还有兼职和跳舞，整个人其实就是大写的无趣！

而且身为一个女孩子，我在 23 岁之前，连比基尼都没有穿过！我的泳衣一直是大妈级的……哦不，有的大妈穿的都比我的要好看。

我从来没有试过把自己打扮得特别女人味，每天在韩式小清新的路上蹦跶。

更别说丁字裤，是什么鬼，我听都没有听过哎！

所以有一次工作时我和老板去团建，看郭采洁的《前任攻略》，男主角反应强烈地说她竟然穿 T-back，大家都乐了。可当时的我连 T-back 是什么都不知道。

那个时候我老板想带我去体验一下那些不是乖乖女的生活，当然也不是“我文身抽烟讲脏话但我知道我是好女孩”的生活，总之就是有一些不一样的。

一开始我总是很有偏见，觉得这都是坏女孩才做的事，可是后来慢慢觉得，能去做一些自己从没做过的事情也非常有意义。

就像我的一个做了妈妈的闺蜜，有一段时间总是想去一个音乐酒吧听人安静地唱一曲。

并不是为了让生活看起来小资，而是曾经很多没有尝试过的事情，到没有时间去尝试的时候，真的太后悔了。

有这种新尝试的想法真的很棒，虽然很多尝试需要花钱。对世界保持好奇心也是需要人民币的，但这个时候，这种好奇心也变成了一种激励我们去赚钱的动力。

比如你想赚钱给自己买一件可能很久都不会穿的礼服；你想赚钱让自己考一个潜水证；你想赚钱给自己买一套昂贵的内衣；你想赚钱听一场可以全场大合唱的演唱会……

当然，也有很多尝试不用花很多钱，比如深夜夜走，和朋友开一个通宵的睡衣趴……

很多事情你试过了不一定喜欢，但是试过了才知道自己到底喜不喜欢，更何况有些事情，根本不需要我们喜欢，只需要一次经历。

我想为什么陈意涵30岁的时候去裸泳会受到大家那么多的关注，受到关注的并不是裸泳本身，而是她一直还在做一些新鲜的事。

梳辫子头，刺青，和陌生人接吻，跳海。

她让自己的人生保持新鲜，除了让大家喜欢自己，还能让自己喜欢自己。

有很多事情，其实就和我们改变发型一样简单又不简单，但是却让自己彻头彻尾地有了另一种心情。

就像人生这么短，我可不想一辈子都做一个连丁字裤都没有试过的女孩。

就像人生这么长，我可不想一辈子都三点一线毫无悬念。

你还有什么想做却一直没做的事情吗？

比如没有试过大红色的口红？没有穿过修身的连衣裙？没有蹬过 9 厘米的高跟鞋？没有给自己画过好看的指甲？没有试过给自己的头发烫一个大波浪？没有和姐妹有过一次说走就走的旅行？

那不如一起开始做吧。

没有矫情，没有负担。

开始吧。

看得起自己，才能拥抱世界

二姨一家开车回北京，顺路带着我一起。五个小时的车程之后终于进了环路。在高架桥上，看到灯火璀璨的高楼，二姨突然感叹：“原来都不想来北京，觉得北京没什么了不起；看不起北京，觉得自己一辈子也不会来。没想到啊，现在已经把家安在这里了。”

开车的姨夫点了点头，又加了一句：“当时不是觉得北京没什么了不起，也不是看不起北京，是看不起自己，觉得自己没这个能力在这里生活。”

是啊，很多时候，我们为了拒绝、排斥一种生活，找到的借口就是自己不喜欢。但不肯承认，有时候不喜欢的背后其实就是看不起自己。

毕业之前从来没有想过毕业之后去一线城市工作，可能是新闻和电视剧看得太多，对出来奋斗的人群都有一种刻板印象：挤不完的地铁、住不完的出租房，想一想都觉得恐怖。

我大概一辈子都买不起这里的房子，我可能永远触不到这座城市的灵魂，我将没有归属感，我将摇摇欲坠。

当时临近毕业，所有人来问我未来的打算，正是因为自卑和恐惧，所以才充满不屑地说，我根本一点也不想去大城市，一点也不想去。

可是当自己真正到了这里才发现，虽然没有自己家里住得舒服，但是也没有要住地下室那么惨；虽然吃饭没有家里来得可口，但是外卖也没有那么难以下咽；活得没有那么好，但是也不会特别特别差，庆幸了好久。

本以为自己撑不起的生活，永远过不起的经历，现在真的在体验时才发现，容易悲惨的不是生活本身，而是我们给自己定下的人设——我大概一辈子也没办法成为自己想成为的人吧。

看似不想要，但真相是：这是一种让人沮丧的自卑。

一个英语超级棒的朋友，尤其是口语非常流利，他现在做同声传译，工作一次就能拿到很多人几个月的薪水，很多人都好羡慕他。

可他说，原来他的英语都是哑巴英语。因为自己是从山城来的，那里的老师教的英语都是山城味儿。所以上大学时，他第一个学期都不好意思张嘴。有一次上课，老师让他们做职业规划，他想着就做一些文字翻译或者其他不用张嘴的工作吧。老师、同传之类的工作那么累，不做也罢。反正自己应该没有机会站在哪里用英语侃侃而谈。

后来他去练口语的原因还挺简单的，因为某个的老师工资实在太高了，充满了诱惑力。他说，现在想想自己站在讲台上的样子，想想自己的声音从耳机里传出来，有那么一瞬间觉得不可思议。

虽然如今再看，也就是平常人非常普通的生活而已，但是当时可是耗费了整个青春的勇气。

觉得自己永远不会成为一个公司的老板；觉得自己没有办法撑起一个企业；觉得自己永远做不了一个作家；觉得自己永远无法成为在城市开拓新生活的第一代……

总是这样觉得，可能真的就永远也做不到。

撕开尘封自信的口子，然后倾倒在我们的生活里吧，不是盲目自信，而是给自己一个敢做梦的勇气。

我们还是要敢做梦啊，只要一梦，说不定就能一砖一瓦地落地，筑成一座自己从不敢踏足规划的城，那里的生活都是崭新的、无与伦比的。

口红是女人的兴奋剂

有一次我听我老板说，她没化妆，只是打了个粉底就和朋友去逛街，结果被拽到了三里屯。心理素质再强大的人也受不了自己素面朝天地混在一堆美人精里，后悔自己出门不化妆已经没用，恨不得立马回家去，不玩了！

结果朋友抛给她一支口红，涂在嘴唇上，气质立马上升两个格。

真是口红大法好。

其实，很多女孩子出门一定要涂口红的，恨不得把所有好看的颜色全部放进化妆包。因为口红真是个好东西，只要轻轻在嘴上擦一擦，本来平淡的心情也能任由一支小小的管点亮。

成千上万的色号，从小到大的品牌。慢慢试，慢慢买，一路涂抹一路成长。

口红就是女人的兴奋剂——涂上一层就有了精神，勾动对生活的激情，顺带可以给自己深爱的人留一个鲜艳的吻。

毒舌张爱玲，小时候就非常喜欢口红，投稿得到的第一笔稿费，五块钱，她跑去换了一支丹祺。她喜欢了口红几十年也涂了几十年，整理一下她留下的遗物，除了手稿和假发，就是口红。用《流苏与安娜》里的话来说，“写作是安慰内心，假发是抵抗岁月，口红则是展现给世界的一抹亮色”。所以张爱玲这么骄傲的人，是一定要涂口红的，“你们可以不施粉黛，可以素面朝天，但至少要涂口红，只要涂了口红，就能让整个人光鲜起来”。

民国时期的两大美人“南唐北陆”，也是口红的忠实拥戴者，陆小曼上一次街可以扫六支回来，唐瑛在 20 世纪 30 年代就开始涂 CD 了。

这些骄傲的人都要光鲜骄傲的姿态，口红能给。

不过这姿态不是所有人都摆得出来的——不爱自己的不会涂，不了解自己的不会涂，忙到无暇顾及自己的不会涂，不会生活的不会涂，矜持含蓄到骨子里的也不会涂。

不涂口红的人都有很多理由：每天上班那么累，几分钟也想多睡，哪有时间涂口红。要看孩子、做饭、洗衣服，能好好洗脸就是愿望。反正单身没人看，不用浪费什么心思。年纪也不小了，就别涂什么口红作妖了。

可是，就是因为上班累，你要擦口红看上去才有大气场；就是因为家务忙，你更要擦口红记得自己本来是谁；就是因为单身，你要擦口红给他们好看；而这个时代，有谁规定上了年纪的女人就不能美？

说到底口红是很多女人的动力，也是底气。

买了那么多支口红，吐血花钱，小小一管几百块。还总是喜新厌旧，总有新目标。上瘾啊，恨不能剁手让自己别吃土。但是擦到嘴上的时候就觉得，值，别让我停下来。

就像大力，我朋友圈里公认的口红少女。她一拿到稿费，第一件事就是入手一支小管给自己做奖励。她手里光是正红色这一个色号，就能集齐七支。

大力的口红，每支都不便宜，用她的话来说，“你可以管我买大牌叫虚荣，可是这份小小的虚荣又没靠别人，这是每天认认真真工作的动力之一——努力修炼能买更多口红的能力”。

能自己给自己买口红的女孩子，能买得起自己想要的口红的女孩子，能把口红涂好看的女孩子，都是小妖精。

而且仔仔细细擦口红的人，就不会允许自己头发是油的、衣服是皱的，也不会允许自己的背是驼的，表情是木讷的——我的口红这么好看，我要对得起它！浑身都得来劲！

口红也是一支好武器，我们要涂着它，跟工作、爱情去战斗。

比如在《北京遇上西雅图 2》里，汤唯饰演的女主角，也算是尝遍冷暖，去工作时，马尾扎起，一定会擦最亮的大红色，那是她不服输的保护色——当我红唇微翘地站在你面前，你就要小心了，我的战斗力就快爆表了。

更何况，有味道的唇也会让男人沦陷，能让你加速遇见爱情。

如果你想征服谁，和他约会见面，请记得把嘴唇点亮。别吝啬自己的风情万种。

在三千年前的希腊，口红只属于妓女，涂了口红的女人诱惑力实在太大。可美向来要流于大众，太太们、情人们难抵口红的勾引，希腊从上层社会开始接受口红。

口红到底是美是堕落，还是禁忌，只是看你怎么用。

涂口红的女人都性感，男人们懂，女人们更懂。要不在《低俗小说》里，乌玛·瑟曼怎么不露胸不露腿，靠吸血鬼色的红唇就能成为大众情人，还令香奈儿的同色系口红销售一空？

涂口红的女人又都优雅。就像《蒂凡尼的早餐》中，奥黛丽·赫本的桃红唇妆让人动容，嘴上的颜色不能少，就像那句经典台词一样：A girl can't read that sort of thing without her lipstick.（一个不涂口红的女人是不懂那种事情的。）

既然口红都是心头好，那亲吻男人的时候也会变得谨慎——这个人到底值不值让我花了唇形，淡了唇色，他对我的好、给我的爱、我们的契合度抵不抵得上我见他时擦口红的用心。

口红也提醒我们，尽管情欲旺盛，爱到心疼，也别一不小心吻错了人，让自己的唇印伤害了另一个女人的心。

口红是女人的兴奋剂没错，它让人充满向上的力量，能赶走生活的暗淡，吸引男人的目光，可它同时又让人自爱，让人沉稳。

就算最后爱过浪子爱过人渣，被别人伤过，也伤过别人，失恋失爱又怎样？口红再去买一支，重新擦一遍，又经历一个爱上自己，变得蓬勃有朝气的过程。等你再收集几支新色号，你还是性感可爱让人疼。

“口红应该是女人的第一个化妆品”，它的作用才不只好看这么简单，必要时，它是你作为女人精神的支撑。还没爱上口红的，快去爱上，和买包买鞋一样爽，不管大牌小牌，只要你喜欢，擦在嘴上，就能让心情高涨。

没有不会谈的恋爱，只有不够喜欢的人

昨天刚说了很多人不会恋爱了，就收到很多朋友的信息轰炸，“大纯，你说的是真的！”

还有好多个20岁的姑娘，说自己在家里人眼里已经到了要结婚的年纪，安排了很多相亲，但是一路相过去，都觉得自己丧失了喜欢别人的能力。

先不说你们才刚刚20岁就开始相亲了这件事，不会谈恋爱，好像是现在大家的通病。

如何谈好一场恋爱，也成了一个永远不过气的话题。

但是在我看来，这个世界上根本没有不会谈的恋爱，只有不够喜欢的人。

就像上次我回家和我朋友闲聊，说到他相亲认识的一个女孩子，他觉得可以相处试试，但是试了一个礼拜就觉得，不知道怎么继续进行，好麻烦呢。而且他又不想带她去吃饭，又不想和她一起看电影，每天只是简单地聊聊天。

最后让他分手的导火索，是女孩想要他接自己上下班。

“我每天下班还要跑到她单位门口接她回家，再把她送到城东，但是我家在城西啊，她就不能自己回吗？”

我当时听完就觉得“活该你单身哦”。虽然全中国都在堵车，但是我们家城市很小的，就算堵车，从城东到城西，也就不到半小时。

送女孩回家不是谈恋爱里很正常的一项吗？连这半个小时也懒得付出，这恋爱还怎么谈？

他问我为什么会这样，是不是以后再也不能像小时候那样，可还没有等我回答，他自己就说了，还是因为不够喜欢。要是喜欢，别说接她下班了，每天早上接她吃早点，送她上班也可以。

一句话，你要是喜欢 Ta，再远的路也顺路，再晚的夜也愿意熬。

其实，谈恋爱没什么难的，还是看自己是不是喜欢对方，看自己愿意为对方付出多少。

前两天我在微博上看到一句好经典的话，真正相爱和热恋的人，根本没有时间去计算什么付出，因为那个时候两个人的智商都堪忧。

曾和我一起教舞蹈的小白，肤白貌美，是我们所有老师里身材最好的一个。她看上去高冷，不好接近。她本人也确实和她的外表一样是个女神。那个时候我们还在为感情伤心唏嘘的时候，她就表态，自己知道怎么谈恋爱，所以以后肯定不会栽在恋爱这种事情上，她在爱情里也要做一个高冷的人。

不管什么事情都不要说得那么绝对，因为你不知道什么时候就会被打脸。她后来恋爱时，哪里顾得上什么高冷，掏心已经不够了，要掏胃掏肺，连眼睛里都是止不住的爱情。她为他做过的甜蜜小事，可以连起来绕自己一圈。

她之前说织围脖老土，哪个男人会真戴，只不过是女孩子们把自己织进爱情牢笼而已。但是那年冬天她买了毛线来，课余时间有空就织两针。

她之前说自己赚的钱要自己花，才不是那种给男孩乱送礼物的人。但是她看到的好东西，只要有钱就会立马刷卡拿下。

她之前说晚上绝对不能吃饭，不然身材走了样上课太尴尬。但是和他在一起她变成了一个美食小地图。

她之前不屑的所有和情侣有关的东西，默默地都挂在了身上。她之前不喜欢的东西，只要是他送的，她就可以由衷地赞美。而且不喜欢的球赛，可以一起看，不喜欢的歌，只要可以就一起听。

有一次她过生日，我们一起吃饭，当面拆礼物。男朋友送了她很多，其中还有一个可爱的拍立得，说可以把他们的生活瞬间都拍下来。后来那么多礼物里，她最常带在包里的就是那个小相机。

说来她的男朋友也很懂女生，因为如果一个女孩子真心地喜欢你，她是不想错过任何和你在一起时值得纪念的事。

而且最让我们大跌眼镜的是，她这样一个外人看起来高冷的女神，还用那些照片做起了很多小女生才做的纪念册。照片的边边角角她都做得很认真，每张照片下面还有她自己的简笔画。要知道，她是一个连给通信录备注都觉得麻烦的人。

说真的，当时她拿给我们看时，我们嘲笑她了，说她掉进了爱情陷阱里出不来。“还说自己不会谈恋爱，可是一谈起来，比谁都专业”。在这场爱情里，她是一个可以拥有浪漫和纯情的小女孩。

恋爱这种事，根本不用会呀，因为遇到喜欢的人，就会无师自通。

所以，千万别怕自己是不是现在丧失了什么爱人的能力。如果你还在质疑，你可以大声地告诉自己，别担心，只是还没有遇到足够喜欢的人。

真正的好爱情，是能让一个高冷的人做回小女孩，变得爱记录生活，记录所有小美好。

如果你正在一场足够喜欢的恋爱里，那就用女孩都喜欢的拍立得随时随地记录爱情吧。

他拥抱你的样子，你注视他的甜蜜。他给你做的第一顿早餐，你为他定制的第一盒小饼干。他开心的表情，你热情的回应。他拥着你，你在他怀里。

那么多瞬间，不定格成永恒的瞬间，简直对不起爱得那么真。

美的背后
都是狠

每次一年一度的维密秀，都是一次让大家流口水的长腿美胸小腹肌视觉宴。

至于维密的内衣到底怎么样，我们就不去评判了，反正我从来不研究哪套内衣好看。好看不好看穿在我们身上也不一样，只去欣赏满屏的好肉体就够了。能上维密走秀的天使们，她们的身材不是那种消瘦的骨感美，虽然瘦，但必须有无比健康的曲线，要看上去健康有活力。

讲真，每年的维密秀都是女孩们的一次励志鸡血，因为除了看到她们这么美，我们还看到了美背后的狠，毕竟像这样的好肉体，一半靠天生，另一半还要靠塑造。

众所周知，维密天使们在走秀之前就会进行各种各样的运动，有人在维秘大秀四个月之前就开始严格集训，针对臀部、大腿和身体其他部位进行大重量负重训练，打拳、负重深蹲、平板撑……

她们对自己的饮食要求更是严格。据说米兰达·可儿除了花两个小时在塑身上，食谱也简单得很：没有沙拉酱的蔬菜沙拉，焗烤蔬菜、杏仁，有时候是烤鱼或者土豆泥，还有纯净水。而维密最著名的天使之一亚历桑德拉·安布罗休在调节身材时，只吃沙拉、鸡肉、鱼和蔬菜。

每一年秀场开秀之前，每个确认上场的模特都会在专门健身教练的监督下，减去至少 6 斤，每天只吃蛋粉和绿叶蔬菜。

所以她们对自己的要求超级严格，怎么能合格怎么练，而且怎么能瘦怎么吃，那她们不美谁美呢？

是天天忍不住吃夜宵的你，还是回家就躺在床上吃零食、看美剧的她，或者是办了健身卡却总是偷懒不去的我？

谁的身材好，都是有天理的。

很多女孩曾经都发誓说这辈子怎么也要认认真真地瘦下来一次，其实没几个人能做到，这都需要强大的意志力。现在不提倡只有瘦才是好看的审美观了，但是健康的身材线条还是很多女孩的向往，谁不想有小蛮腰、小腹肌，谁不想任何衣服都轻轻松松穿好看？

说实话，我已经发誓无数次必须不能让马甲线消失了，但是周围诱惑实在太多，像昨天晚上 10 点，我还和朋友在吃海底捞……每次这样子放纵之后，捏着自己的小肚子又无尽后悔。

美女都是狠角色，这句话真的很对。

我认识一个女孩，她对自己真的超级狠。她觉得自己已经很矮，就不能再胖了，而且她是属于易胖体质，所以稍微不克制就容易膨胀。她从上大学的时候就每天抽出时间去跑步，毕业工作了也没间断过锻炼，虽然只有一米五五，但是线条均匀，看上去匀称好看。

她从来不放纵自己乱吃东西。有的朋友说她生活没意思，因为一个人如果不能放开享受这个世界的美食，那他活着还有什么乐趣？

有的人一听这样的话，会想自己真的好可怜哦，蛋糕等甜点就开始下肚，另一方面也怕被朋友说无趣，影响社交。但是她真的从来没有轻易动摇过，我们喊她聚餐她就去，她只喝白开水，也愿意和我们AA，吃火锅这种高热量的事，那去喽：“你们吃肉，我只吃清汤煮菜，一样很开心。”

她对自己真的狠，但是她的身材也是真的很好看。我们想要得就要有所失，没有那种天生条件，就要后天对自己狠一点去补齐。

我身边还有的姑娘，脸上长了痘痘，就能坚持一直忌口，身材稍微走形，立马健身课程上起来……

当然，这种狠也不光是用在身材和外貌这些事上面，还记不记得吉娘娘那张哺乳期的工作照，模特和妈妈的身份都可兼顾，没有多少人能做到这样。

别管别人怎么说，你自己坚持你自己想要的就是绝对正确，不要受到其他人影响，因为他们喜欢的未必是你追求的。

世界上没有那么多美呀好看呀辉煌呀是容易的，都是对自己狠一点然后轻轻松松去得到的。

如果我们这一辈子，没有尽自己最大的努力去美过，也实在是太遗憾了。这种美，哪怕肤浅，我也想亲眼看看。

如果你想做一个美人，那就先成为一个对自己狠心的狠角色。

美人的底气

长大到二十多岁，发现身边的姑娘对美都开窍了，开始讲究护肤品，对于各种各样的化妆品也研究得头头是道，衣服怎么穿看起来有质感，鞋子选什么款式更合适……这个世界的友好好像忽然就对我们打开了。

特别喜欢能把自己打扮得让人眼前一亮的姑娘，因为爱美不是一件肤浅的事，而是一个人在某种程度上对自己的重视。

不过变成美人简单，做一个美人是第一层，我们追求的应该是做一个有底气的美人，不然就算美得惊艳也仍然略显单薄。

美人需要底气。

以我现在的年纪去理解，美人的底气就是岁月不惊的温柔、才华沉淀的安静、世事磨炼的坚韧，以及不能丢弃的骄傲。

有底气的美人，不仅要美在脸上，就算时间侵吞了胶原蛋白，就算心事折透了热情，也还能用眼神里的坚定，去面对世界的瞬息万变。

写这篇文章时大家都在热议章子怡，因为章子怡演了一个略具深度的角色，大家评论说章子怡已经美到不再会让娱乐版记者用到“艳压”这种粗暴的词语了，大家再描述她，也不再去试图从她的眼睛里看到名利与欲望的气息，开始关注她沉淀之后不再用蛮力的温柔。

一个女孩，年轻时总是鲜嫩，贪图这世界上一切好东西。年轻时的章子怡就是，不管是妆容还是穿衣风格，都吐露一种不成王成后誓不罢休的气势。那个时候的章子怡虽然是一个美人，但是她还没有底气，美丽单靠野心去支撑就会掺杂着一些不安。

不过岁月从来不辜负努力的人，章子怡美，她也认真且狠，她磨炼演技，去挑战具有难度的角色，一步一步走下来，她的美就又多了些力量。

所以从一个金刚心变成绕指柔，也是她的底气赋予了她力量，嫁给一个外人看来不如自己的男人，为他生儿育女，她开始面对自然，红唇变成裸妆，华服变到日常。

从影视圈的初雏到现在的世界级女星，她的底气是自己的成绩，以及见过绝伦精彩、回归舒服的自然之态。

说实话，大概是生活经验有限，我所见到的有底气的美人，无一例外是独立的，不管是精神还是物质。

精神独立，可以让人免于很多被动。

很多女孩人长得非常漂亮，是那种走在路上扎眼的漂亮。但用她自己的话来说，就是总想抓着一个人靠着，遇到一点点小事就能慌张到四处求医。她从来没有过空窗期，她没有独立面对各种问题的信心。这种总想向外界求助的依赖感限制了她的美丽，随潮而动，又随风而变，美得不够执着。

而经济独立，则可以让美人们面对这个世界更加理直气壮——我什么都有，我并不想用自己的姿色去贪图什么。这样更自由，也更坦荡，不用在一颦一笑里寻找目的。

美人也在成长里汲取力量。

我曾看过刘嘉玲谈到自己过去遇到的挫折与黑暗的生活，她表示那种痛苦独特的经历，也帮她解读社会、解读自己。

这个已经年过五十的女人，走在哪里都自带一种让人无法移目的女王气场，她也是名副其实的美人，就算卸了妆，她的每一道皱纹也让人觉得，美人不一定无痕。刘嘉玲曾做过一个三分钟演讲，和大家探讨女人应该怎样活着，她说我们都习惯用自己的道德观、人生观去衡量别人，但是每一个人各个方面都不一样，就是应该不一样。而女人的美丽，从来都应该是宽容、慈悲、内心强大。

这是她的底气。

我们在最好的年纪里装点充满青春气息的模样，我们用洋溢新鲜荷尔蒙的时光保持对更美的敬意。同时，我们还要修炼一身底气，就算青春褪去，美早已经内化到骨头里。

珍惜我们读过的书、我们爱过的人、我们做过的事、我们走过的路，不局限自己，不看低自己，这样才能永远美丽，永远有美丽的底气。

能做到优秀的人，
都是厚脸皮

我从大学开始就是一个专业的肚皮舞教练。曾经在进行专业学习训练时，在北京跟过一个叫 Sana 的外国老师。她来自哈萨克斯坦，本身就是一个高才生，也曾是国家舞团的舞蹈演员。因为机缘巧合爱上东方舞，跟很多大师学习磨炼之后，一个人在北京开了舞蹈工作室。

她这个人很厉害，外国人特有的原则性加上爱挑剔和追求完美的处女座性格，让她不能偷懒，不能怕累，不能说我不行，不能请假太多次，不能怕课程难，下课了不走还要盯着我们练习，第二天上课总要检查大家上节课的消化程度，总之，上她的课压力很大。

我们上课时，老师常说的一句话就是：拜托，请你们脸皮厚一点。

她为什么这么说？

因为很多学员在学习新动作的时候，总是扭扭捏捏放不开。觉得自己做得不好看，害怕老师的点评，也害怕大家看她，心里过不去这个坎儿，然后就不做动作了，只是站在那里看。

要不就是永远站在后面，不管是因为怕自己做不好被人注视，还是礼让，反正她们从来不会出现在前排。

老师说可能这一点国内和国外不一样，在她的国家上舞蹈课，很多女孩一定会为了能多让老师指点、多纠正去抢第一排，一副很牛的样子让站她位置的人让开。就算老师教的动作再难，自己跳得再奇怪，她也觉得自己是跳得最漂亮的。

当她学习时，别人的眼光跟她根本没什么关系。

但是她教了这么多批中国学员发现，很多女孩上课时总是站在后面。一期班下来，她记不住她们的脸，也记不住她们的名字，当然她们的舞蹈也并不会让她留意到她们。

很多姑娘觉得课程太难自己学不会，觉得自己和别人差距很大偷偷哭，越哭越往后缩。也有很多姑娘听了老师一两句批评就闹着不想学了。

很多人下课了死命练习，但是因为脸皮薄不肯去请教别人，也不肯拉着老师不让她走，越做越错，越做越气馁。

每次第二天复习舞蹈，老师都会让一个人领舞带着大家复习，但是很多人以自己记忆力不好为由退缩，所以一期班下来，领舞的总是那几个人。

都是借口，退缩的不是记忆力不好，是磨不开面。领舞的记忆力也没有多好，常常也是出了错一笑而过。结果越退缩的人更退缩，而领舞的越领越放得开。

其实，总结下来，就是有很多人，在该厚脸皮时没有厚出来。但是对于一个舞蹈老师，登台演出和教课，不也要拼一个脸皮厚吗？

老师和我一个朋友说我进步快就是因为脸皮厚，我第一次因为别人这样说我还挺开心的，因为在老师那里，脸皮厚就是对一个学员的表扬了。

并且我承认，我在学习东西的时候就是脸皮厚。上课时我每次想方设法地跑到第一排去，别人白眼我，大多数都不在乎。自己跳得难看就一遍一遍地练，和小伙伴结组互相批评。老师每做一个细小的动作我都很用心地记在心里，有表现机会就去表现，尽可能地让老师多关注我，多指点我，多评价我，甚至多批评我，这样才对得起自己花的学费和付出的时间。

所以因为厚脸皮，我才能有机会进入老师的舞团，和很多舞技好的师姐师妹一起学习，一起登台演出。

脸皮厚怎么了，学习的时候不厚脸皮，难道以后舞台出错教课出错时厚脸皮吗？“要脸吃不饱”这个祖训，是真理。

所以，当我厚脸皮时，我在学习。

不管什么领域，我不觉得哪个大师在学习时，还要瞻前顾后地玻璃心，就像我老师总是跟我们讲她在花重金集训时，厚脸皮挤到老师面前接受指点的小技巧。

很多人都羡慕别人的厚脸皮，说自己就是腼腆内向的萌妹子，不能和脸皮厚、不害羞的女汉子比，说自己就是放不开。

可是要想学习新技能，学好学精，厚脸皮在哪都通用，放不开也得放：

第一，告诉自己，其实自己没有那么多观众。

很多人不敢发言，不敢表达观点，甚至学习时往后缩，不就是觉得不好意思在人前露面？但是你真的没有那么多观众，而且相反，很多人喜欢落落大方、爽爽快快，讨厌扭扭捏捏。不管你做了什么，说了什么，过不了多久大家就会忘记。

第二，不要害怕犯错。

学习的时候，谁能不犯错呢？如果你犯错了，真的是好事，因为还有大把去改正的时间。犯错的时候就参考第一条，相信我，你真的没有那么多观众，你会因为害怕犯错，失去绝大多数让你后悔的机会。

第三，不要把批评当作耻辱。

这点很重要的，很多人都接受不了别人的批评，接受一点批评就觉得是奇耻大辱的大有人在，自尊可以有，但是别过度。自尊要摆在正确的位置上，有人是“你老说我做不好，我不做了”，有的人是，“你说我做不好？我就做好给你看看”。

记得一遍一遍给自己催眠，学习过程中，厚脸皮真的不会丢人，闭门造车、自高自大、自命清高才是恐怖的。因为，除了悟性、死用功和多练习，还需要厚脸皮为你助阵。

你不懂，又争又抢的坏女孩才讨人喜欢

我原来看韩剧，真是都被女主角气到吐血——怎么女主角都是一副傻白甜的样子，总是要做一个不争不抢的小白兔，任人宰割。

比如说很多爱情戏，女主角喜欢了男主角，男主角也喜欢女主角，但是为什么没从前几集顺顺利利地在一起？

因为女主角总是要让，不仅自己让，还总有女二号来抢，可女一号为什么就不能自己主动地去争取下呢？

女一号总是要表现得像个木头人，看到对方来抢就算了，最后还要玩什么成全的把戏，退让，甚至消失。

还有职场情节，女主角做的成果被坏同事占为己有，自己做的好成绩被别人抢了风头，他们抢了自己的资源升职加薪。

然后呢？

虽然觉得好委屈，但还是忍气吞声，最多私底下拉住对方做一些无用的质问。而那些连质问都不敢的，觉得大概是自己实力不够所以很多东西得不到吧，只能回家喝闷酒到号啕大哭。

忍不住抓住编剧们的衣领，为什么一定要把女主角的人设设定得这么弱鸡？如果一开始她们就勇敢点，后面的十几集都可以省掉了（所以女主角一定要弱……）。

讲真，虽然弱鸡女主角们最后总有骑士相助，总是有很多人莫名其妙地跑过来说我就是喜欢你，我就是要保护你，女主角自己不去争取的东西，总有人帮她争取。她们的结局都是幸福美满的。

但现实生活中，我们就别做梦了，自己喜欢的人不去争取，真的就被抢走了，想要的职位和机会不去争取，可能真的还要再等上个三五年。

我原来不懂，总觉得谦虚、谦逊是人间美德，这没错，我们不蛮横不傲娇，干干净净，不耍什么坏心思。

小时候怕别人说自己爱现，想做班长也不敢举手报名。大学的时候有喜欢的男孩子，遇到情敌一个劲儿往后缩，总是安慰自己他如果真的喜欢自己一定不会走。工作时得到一个很难得的出差进修的机会，别人说“你让给我吧，反正你资历浅”，你就真的让了出去……

可你管理能力很棒，你为什么不试试？

你人好、性格棒，你为什么觉得比不过？

你能力佳、责任心强，为什么不主动请缨？

这种忍不住打退堂鼓的人，简直不要太多。

我在大学时一起打球的学妹，她本来获得了一个参加进修培训的机会，但是一个名额有两个候选人，她不想让别人觉得自己爱现、喜欢出风头，也不想让别人觉得自己有心机，就表现得很平静。

可是你这里只管心静如水，结果名额被另一个积极表现的女孩拿走了。

她超级后悔。

因为那个女孩子只是在公共场合表示了很多次自己很想去的意思；只是利用下班时间做好了一些培训目的地和培训项目的资料，交给领导。

讲真，人家真的没有用什么心机，这能算得上心机吗？没有诋毁没有诬陷，只不过是比自己更上心。

而自己表现的那种平静，却给了领导一种自己去不去都无所谓的错觉。

怪谁？

有时候就是要这样积极主动一点。

如果说那个女孩子的机会是“抢去”的，那我们有时候还真的要主动地去抢一些事。

我们在很多明星艺人的评价里会看到这样一个形容词——“不争不抢”，说谁谁谁啊，浑身都有一种娴静气质，也会在关于很多气质女人的描写里看到这样的形容，说她就静静地站在那儿，什么你只管给，她从不会主动要。

瞎扯。

其实，鸡汤里的“不争不抢”，不是真的不争不抢，只是说不污不暗黑不耍心机地去争抢，而是光明正大地去争取而已。

像演艺圈里，你不争不抢还有活路吗？现实生活里也一样。

而女人的心海底针，你以为很多事情，你想要了，就真的有人给你送到眼前来。天下哪有那么多好事，又哪有那么多你肚子里的蛔虫？

你想要的东西，你自己都不去争取，真的，谁会去在乎你？

那段时间我看了孔孝真主演的电视剧《嫉妒的化身》，觉得韩剧女一终于想要开始捍卫属于自己的东西了，甚至明显地表现出了争抢的趋势。

在《嫉妒的化身》里，孔孝真饰演一个天气预报员，因为同事耍了点小心机自己被开除，后来因为一些原因她又可以回到工作岗位上。但是她回去时，发现自己播放天气预报的黄金时间被那个同事抢走了，但是她并没有很草包地离开，而是勇敢地走上前和对方讲，这是我的位置，这是我的工作，请你离开。

谢天谢地，女主傻白甜模式终于可以告一段落了。

虽然最后因为她识大局不想造成播放事故，在直播的前一秒想要离开摄影棚，但是我还是要为她能去和别人抢回属于自己东西的做法点赞，因为她不抢，就真的没她的位置了。

成年人的世界，就是这么残酷。

像很多武侠剧里的武林高手，动不动就被人冠上了“天下第一”的称号，自己还表现出一副“我很不care”的样子。但是，真正不在乎，下次替别人打抱不平展露身手的时候，麻烦大哥匿名。

讲到这里，又想到前一段时间热播的《太阳的后裔》，宋慧乔扮演的女主角发现自己争取了很久的教授职称，突然被另一个关系户抢走了，她还是冲到了院长的办公室，想知道为什么自己还没有获得这个早就应该获得的机会。

讲真，虽然结局是因为她没有关系户那么硬的后台惜败，一个人在走廊里哭了很久，让人心疼，但是她最起码也让院长知道，自己不是傻也不是笨，该给的东西，你也真的应该给了。

后来我想，所以为什么很多人会喜欢《欢乐颂》里的曲妖精，因为她敢抢，甚至敢坏那么一丁点儿。

曲妖精活成了很多女孩子活不出来的样子——属于我的我就要去争取，不属于我的，我也要努力去试一试。

我们虽然不是人人都有机会生得同她一样的刁蛮任性，也没有那种小聪明和小诡计，但是该抱在怀里的，别那么轻易地拱手让出去。

自己那么想要的东西，就努力去争取。

感情也是一样。

你觉得喜欢的男孩子，只要对方喜欢自己，就不会被抢走，可是真相是，没有人愿意一直想要焐一块冰，面对一面墙。他们也在等你把他们的心拉过去。

我们拼了命地表现自己对很多事情不在乎，于是说服自己真的不在乎，最后你稍微用那么一丁点儿力就能得到的东西，最后真的不属于你。

女孩子们啊，一生中遇到的人和事实在是太多了，想要的人和事却只有那么几个，别过着过着，就真的过去了。

虽然宁静和淡泊是一种很高级的境界，可是在我们的二十多岁，宁静和淡泊，还没有资本被完美沉淀。

谁不想做一只不争不抢的花，骄傲高洁，不与人争妍，不与人斗香？

可是妍也要自己去争，香也要自己去斗。就算玫瑰独放，它也带了刺。

再说一句非常老土的话，幸福和幸运，都是靠自己努力争取的，甚至是靠你勇敢地抢来的。

也不知道你要熬多少个夜才能明白，暂时不属于你的，只要正大光明地“抢”过来，就是你的。

你的外在形象
就是你的优势

一般来说，大四一开始，很多人就开始在找工作了。

一个正在四处投简历的学妹问我，在面试的时候要注意什么。

我说除了你的专业，你的态度，还要注意你的外表。

讲真的，我以前从来没觉得一个人的形象能带来多大的优势，但是工作一年多，我真的明白了——

有时候，外表就是你的绝对优势。

就拿我原来的公司来说吧，我们公司是一个偏时尚类的电商公司，专注于饰品的线上销售。虽然是互联网公司，但是也需要和传统行业相结合，经常需要和一些朋友谈一些商业合作。

记得刚进公司时，大家都是学生装扮，其实说学生装扮还是好听的，用另一个直白且真相的词来说就是土。大家都一心一意地扑在工作上，觉得做事认真负责就够了，就像做学生时，觉得认认真真学习就可以了。

但是事实证明，只有认真是不够的，你还要精神、好看。

有一次，我们老板带我们去出差，去参加一个特别大的世界性展会。他交给我们的任务，就是一个人必须独立谈成五个合作，不管是国内企业还是国外企业。

我们都觉得老板很重视我们，每一个人的脸上都写满了跃跃欲试。

可结果是，一天展会下来，我们灰头土脸聚在一起，我们处处碰壁，别说五个了，就连谈成两个都算成功的。好想感叹这个世界对 Freshman 真是残忍，我们抱怨这个社会不给新手机会。

但其中有一个同事不一样，他走在展会里，都是别人主动和他打招呼的，都是主动问他是不是来寻求合作的，他谈成的合作，不止五个。

我们都特别诧异，同样是刚毕业，他的能力也没有比我们强，学历也不比我们高，为什么他在展会里随便走一走就能成功？

后来我们老板看了我们一会儿，帮我们分析出了原因——就是因为我们穿得太随意了，再看看这个同事，白衬衣，西装裤，干净的皮鞋，界线明显的三七油头，连包都是精致挑选过的牛皮文件包……

我们平常觉得他臭美，还总是打趣他说来上班还是来选美，但是想不到他对自己的正式与认真，真的对工作很有用。

算是以貌取人吗？算是。

但是这种以貌取人有理有据，还让我们自己都服气。毕竟我们本身做的就是偏向美的工作，如果连自己的外表也是很随意，别人怎么能相信我们真的有审美，有把合作做好的能力？

就像你卖化妆品，你的皮肤很差，谁会愿意买？

你卖服装，你自己穿得随意又邋遢，谁会觉得你的衣服有质感？

而且就算不是时尚类工作，外表美也真的很重要。

我在大学学的是师范专业，临近毕业的时候大家都想要去重点中学做老师。

其中两个同学争夺一个名额，她们的学分绩点都不相上下，专业排名也都差不多。经过三次面试，被录取的是那个外表更好看的同学，虽然落选的那个同学讲课和能力更强一点。当时她去询问为什么自己没有被录取，面试老师很委婉地说，她们也非常注重老师的精神面貌。

当时我们也都呆了……原来重点高中对老师的精神面貌也有要求，我们还以为高分就够了……

更注意自己形象的人，更能轻易占到优势，在工作上是这样，在生活上也是。

回想我们从小到大，是不是长得好看的姑娘身边更容易围着一群小伙伴？

小时候大家选班长，那个扎马尾辫的姑娘比流鼻涕的小男孩票数要高。

初中的时候，那个笑起来有酒窝的姑娘比戴眼镜的小学霸更受欢迎。

大学时谈恋爱，精精神神的那个姑娘更早被人追。

就连去食堂打饭，长得精神、好看的人都能比其他人多吃一块肉。

看似不公平，其实很公平。

因为美这件事，跟我们的消费水平没有什么太大的关系，重要的是我们的心态。

我们身边有很多这样的姑娘，她们可能赚得不多，不买大牌，但是她们一走出门，就一定脸洗干净，妆画好，衣服不皱，鞋子不脏——整整齐齐，赏心悦目。

但是也有很多姑娘把自己不够美、不够漂亮归结于不够有钱。

可是好看、美，和钱多钱少没什么决定性关系。

我认识一个女孩，她家不是很有钱，刚刚工作，在北京，一个月的工资吃饭、租房、买买衣服，也就不剩什么了。工资买不起大牌包也买不起大牌鞋，但是她的穿着打扮，根本就是去品牌化的美——不要价格，要审美。

去她家里看一看，每一个角落都被她装饰得别有风味。而很多有钱的女孩，穿来穿去，衣服不便宜，也依旧普通无光。

更多人不怕花钱，更多人怕的是麻烦。因为美起来真的很麻烦呀，要注意自己的身材，要注意自己的妆容，要保持自己的清爽……

其实，美更多是一种习惯，当我们习惯性地去注意自己的外表和这个世界的对话时，一切就都成了自然而然。

所以我们看到一个姑娘，她一年四季都状态良好，微笑可人，并不是她的刻意，而是她的习惯。

男女都一样。

越喜欢美的人就会越美，衣服有品位，包有格调，鞋子有质感，举手投足会慢慢地和别人越来越不一样。

让外在形象变成我们的优势，让外在形象为人生加分。

你捡起来的
是个宝贝啊

很多人小时候总是喜欢问父母，我到底是从哪里来的。

垃圾桶捡来的；菩萨送来的；买了一个苹果切开有一个你；

你小时候自己跑来的；把你从土里种出来的；你坐着蝴蝶来的。

……

答案就是这样千奇百怪。

现在想想，父母真是专业坑娃。

我表弟 6 岁的时候还在问他父母这个问题，他爸爸绘声绘色地描述了他们如何在一个下大雨的晚上，穿过片片积水，在街边拐角的第三个垃圾桶里听到了像小猫一样的哭声，然后扒开香蕉皮，发现那里有一个可爱的小男孩，就捡回家来了。

我表弟听完当场就撇了嘴，但是他没有哭。

他悄悄跟我们说，“姐姐，我不能哭，我哭了，爸爸妈妈会觉得我不听话，再把我送回垃圾堆里去。但是我也想找我的亲生爸妈。”

这个小小的人儿，当时真是可怜，每天从零花钱里抽出五毛，放在自己的枕头套里。

直到有一次，他妈妈去拆他的枕套，发现里面当当啷啷的满是硬币，还以为他小小年纪不学好从家里偷偷拿钱。

最后我表弟哇的一声哭出来，说这些钱是我为找我亲生父母准备的。

他爸爸妈妈一听，竟然哇地大笑出来，还以为他要买游戏机，还以为他要买一条小狗，想不到自己一句玩笑话，让小小的人儿想了那么远。

现在我表弟还经常被他爸妈揶揄，给你五毛钱，你快走吧。

小时候父母办过的不靠谱事件，连起来也能绕我们自己一圈。

小时候父母没有持证上岗，可他们把我们养大之后我们也并没有合格毕业。

长大之后，轮到我们不负责任了。

当初我表弟说他想要学计算机，做程序员，他妈妈不懂，问他程序员是干什么的，他懒得解释，就告诉她说是在网上盖房子。

他妈是一个小城市的家庭妇女，一点也不懂这些，可是一听孩子要去盖房子就着急了，把你培养成一个大学生，不就是想让你靠脑力劳动吗？怎么还要去盖房子？

表弟笑笑不解释，结果还是他妈妈自己百度了好久才知道原来程序员是写程序，把一个软件从无到有写起来，也算是盖房子了……

我们小时候总想着，什么时候能长成父母这么大呢，因为我们想做一些事情被拒绝的理由都是，等你变成大人了。

可我们真的变成大人了，父母面对这个快速变化的世界，又开始像小孩子了。

前一段时间我一个朋友说，他带父母去吃饭，从一个 App 上团购了套餐，吃完之后就直接离开了。他父亲欲言又止了好半天，等上车才忍不住问他："儿子，我们刚才是不是吃的霸王餐……还是有人请你吃饭？我们在外面可不能搞一些不好的事情……"

他看着他父亲，觉得又好笑又心酸。

还有一个女孩说她的朋友圈要屏蔽掉自己的母亲大人了，因为前几天上班很累，她吐了个槽说，好想被包养啊。

结果她妈妈打电话来让她立马把朋友圈删掉，还表示自己被气哭了。然后给她上了两个小时的思想教育课，任她自己怎么解释都没用，她妈说一定要从源头上把这种想法删除掉。

有人说这叫代沟。

大概是代沟吧，可是从代沟里又觉得，自己的父母真的老了。面对这个快速变化的世界，他们不能再及时掌握一些信息，也对一些事情的观点和看法依然保持老旧。

如果我们不主动走向他们，他们走向我们的世界，变得越来越困难了。

其实，很多时候，我们就是要承认，父母和我们之间确实有很多代沟，也有很多矛盾。

比如去年刚毕业的时候，我爸说要和我断绝父女关系，我俩已经僵持到与对方擦肩也装作对方是空气。

因为我不满父母对我的控制。

从我上大学选专业起，他们就一定要我选择稳定、好就业的专业，比如老师、医生，用他们的话来说就是，一个女孩子，稳稳定定比什么都强。可是我觉得年轻时不需要和“稳定”这个词挂钩。我们当时吵架，翻脸，他们骂我不孝，我反驳他们老思想又自私。

当时我妥协了，存着一点侥幸心理，想着等毕业了之后，他们应该管不动我了，可是谁知道毕业后又是一场恶战。

他们要我立马回家去考老师，考公务员，然后结婚生子安安稳稳过完这一生。我不肯啊，我想趁着年轻多去看看这个世界，多去感受这个人间。

我绝食，我妈也绝食；我冷漠，我爸爸也冷漠。我们都希望对方可以主动妥协。

我这次下定了决心。他们看着我每天不开心，还是决定，让我去大城市里试一试。

于是，毕业这么久，我在北京努力工作，认真生活，每个礼拜都打电话和他们分享我的快乐，让他们放心。

也是后来我才知道，其实父母之所以“控制”我们，并不是他们想要养儿养女去防老，而是怕我们选择了生活的困难模式，过得不好。而我们生活开心，他们就安心。他们留我们在身边，只是怕我们连发烧感冒时都没人照顾而已。

他们从不催我们要高飞，他们只关心我们累不累。

有人说，父母和儿女的感情就是一段互相追逐的旅程。

小时候我们跟在他们身后，仰望着他们高高的背影，觉得大人的世界真美好。

可是我们成人之后，他们又不断地看着我们远去的背影，带着所有父母的期望和担心，也想努力跟着我们的步伐往前走。

其实，父母与儿女之间也并非就是一段互相追逐的旅程，因为越长大，我们就越该明白——父母不必追，我们要自己回。

如何回家，大概是所有成年人都面临的一个问题。

想来，我们能帮父母做的事情还是太少，我们小时候，他们对我们倾注的是他们全部的心血，在我们建立了自己的人生与家庭后，我们能给他们的却只是我们生活的一部分罢了。

其实回家很简单，不是我们一直住在一座房子里，而是我们的心永远住在一起。

关爱父母是大事，但是不难，对父母真正的爱意，不用多么虚势，只要脚踏实地的小事就够了：

我们要常常跟父母打电话，告诉他们，我们过得好，让他们放心。也要常常回家看看，哪怕只是帮他们收收筷子洗洗碗。我们给他们报名旅游，让他们保持与这个世界的联系。我们教他们怎么用最新的电子产品，让他们不被这个时代抛弃。

我们长大了，父母变老了，虽然我们成人入世也见了很多来来去去的人，可是在这个世界上，只有父母最爱你。

经济独立——女孩重要的自尊

曾经看到过一条天涯历知幸的长微博，说的是一个女孩子，辞掉了银行的工作，去了一家小贷公司。这个公司很正规，但是贷款的额度很小，平均在3000块以下。客户群是贫困县、贫困乡、贫困村的女性，也仅限于女性。

“虽然这些贷款额度很小，但是为了防止这些钱被她们的家人拿走或者挪用，于是规定如果一个人不还贷，那么整个村子的贷款都不会再放。每周要开几次集体会议，每次会议两三个小时，如果不参与，贷款就会被回收。”

真的很麻烦，还特别啰唆，但是很多人都为了这笔钱不觉得麻烦，因为真的缺。

这些获得贷款的女性，有养家禽家畜的，有买了原材料做手工的，各式各样，什么都有。虽然只有3000块，可是拿了这些钱，她们不用连买包三无卫生巾都要看老公、婆婆的脸色，也不用为了省钱，去用劣质草纸。甚至因为这笔钱，能在家里挺直腰板。还有的人，能自豪地告诉邻居，她丈夫不敢打她了。有的这辈子第一次，问丈夫今天晚上想吃啥，丈夫告诉她你想吃啥就做啥。

3000 块钱，竟然能改变这么多。3000 块，好像就能改写一个女人的命运。

我们之前总说女人一定要经济独立，不经济独立就没有话语权。其实很多女孩子并没有那么多感同身受，因为尚且还有一点经济来源，或者还不够穷，还没有最大限度地体会到这个世界的恶意和残忍。

当连在最亲的人面前也要靠钱来撑腰时，我们可能真的才能体会到经济独立的重要性——只有 3000 块，就能不挨打，甚至得到老公关怀。

其实，不止贫困县的女人是这样，很多三四线，甚至一二线的城市都是这样。就算我们没有到连卫生巾都买不起的地步，但是依然有很多限制，依然要看很多人的脸色。

我之前在大学所在的城市教舞蹈课，很多结了婚的女孩子过来，说自己想要学舞蹈。可是连着试了好几节课，就不再出现了。不是不喜欢，我看得出她们上课的时候真的很开心。

当时我问一个还算聊得来的姐姐，到底为什么不再来上课了。她说，和你说实话吧，我没工作，也没收入来源，上课的钱还是要跟老公要。将近 2000 块，张不来嘴啊，上次花了点钱，他念叨了我一个多月，还是再等一等吧。

听了她这些话，我连推销都放弃了。实在没必要在一个没有经济来源的人身上浪费口舌。尽管她万分热爱跳舞，尽管她明白一切女人要对自己好的道理，这些都没有用——她没有钱。

没有钱就没有话语权、没有选择权；没有钱就不能光明正大地享受生活；没有钱，就没有“我就要”的底气。

就像在最近热播的《好先生》这部剧里，一个母亲不敢和自己的亲生女儿相认，为什么呢？因为自己和儿子还要靠老公养，老公每天抱怨连连，破口大骂，说自己养他们要累死了。那她女儿来了，她就得养，可是她连养自己都成问题，在这个家里一点地位也没有，又用什么来养自己的女儿？不能认。她眼睁睁地看着男人把来帮忙认亲的朋友轰走。

有人会说，那是因为她们的男人太窝囊，所以才会委屈自己的女人，要控制女人的花销，把自己的无能发泄到对自己女人的抠门上。可能有一部分原因是这样，但不全是。再有钱的男人，再有钱的家庭，面对一个为家庭做不了经济贡献的人，也还是会多多少少有一点意见和不满。

我的一个朋友，嫁了一个非常有钱的老公，她有身材有容貌有学历。但是觉得嫁给老公了，就不想那么辛苦，在家里做起了全职太太。虽然平常两人恩爱有加，可一闹起矛盾，老公还是会说，吃喝都不用你管你还有什么不满意的，甚至会在大马路上把车停下来，说，“你从我的车上滚下去”。

虽然两个人还会和好，但是和好如初没有那么容易。她说她已经深刻地感觉到，一个女人，没有经济来源是多么可怕。因为下一次，可能就不是从车上滚下去了，可能是从房子里滚出去。

所以啊，就算没有那么穷，很多时候我们没有经济来源就依然需要看脸色。因为我们的“卫生巾”可能是一个想买很久的包包，一条非常适合自己的裙子，一场想要解闷的旅行，一节想要保持身材的舞蹈课……

你没钱，又没有那种男人爱你爱到死心塌地愿意把全部身家双手奉上的自信，没有一个不会给你脸色看的好婆婆，你就是没办法硬气。

有知识、有能力的女人解决自己这种现状还比较容易，找一个工作，挣一点钱，就可能会好一点点。就算没有学历、没有什么一技之长也可以给自己寻找一条出路，比如说做微商。其实做微商的人里面，宝妈占了相当大的比重——结了婚生了孩子，没有工作。

之前有一个姑娘给我留言，说自己的闺蜜一头扎在微商事业里出不来，她交了自己的私房钱入会，开始一门心思地发展下线。明眼人都能看到这个生意的蹊跷，姑娘和闺蜜说了很多次，也劝了很多次，但是当局者迷，不是说被洗脑多严重，而是她太需要一份工作来给自己提升价值了。

很多宝妈为什么选择微商，因为这真是一个从各方面来说成本都较小的生意，也有很多人选择的项目靠谱，辨别能力高，加上自己勤奋肯动脑，就做得非常好。我身边的一个姑娘，抱着自己的孩子，利用零散时间做微商，给自己买了一辆不错的车。她老公走出去，都觉得老婆给自己长面子。

很多宝妈选择去做微商，不是因为她们盲从，而是因为她们走过家庭主妇这一个阶段后发现，原来经济真的是保护一个女人的武器。

什么才硬气？自己有收入，或者有随时养活自己的能力。

可是，贫困地区的女人为自己找出路实在是太难了。没有知识没有能力，就算有也没有很多工作机会。用原作者的话来说就是“她们当中的绝大多数，这辈子不会用微博，不会用微信，不会上天涯的娱乐八卦，开个帖扒一扒我的极品丈夫、公婆。她们的一辈子，可能就是一位贫困女性的苦难史”。

我佩服那些能让整个乡的女的都用上卫生巾的人。只用3000块，就能让一些女性发挥自己的聪明才智，就能让一个女人抬起头活下去。可能说了太多次女权就变成了空响炮，可是他们是真正地给了她们女权的人。

不过如果有的女性没有聪明才智，也没有绝对的自主权，那就算贷款给她们，可能更多地还是听从丈夫的意思来利用这笔钱。她们能得到丈夫的尊敬，只是因为她们能靠自己的女性身份拿到这笔钱。当这笔钱贷不到甚至还不起的时候，她们的地位还和原来一样。

希望会有更好的指导，不光授之以鱼，还要授之以渔。

而我们呢，也别把经济独立再随口说一说了。如果你真的需要，就真的要做，不要被太多的“干得好不如嫁得好”洗脑了。我们不说虚的，嫁得好确实重要。但是嫁得再好，你也需要经济独立的底气，你也需要想买几包“卫生巾”就买几包的能力。就算贵一点，可是只要我们愿意，我们就买得起。

“生活上依赖别人，又希望得到别人尊重，那是没有可能的事。”

经济独立，是一个女人独立的前提。

你确实过得像网络上一样好吗

人都有一个毛病，就是爱加戏——给自己加戏，给别人加戏，尤其是在朋友圈、微博等社交网络。

看到人家好，第一时间的反应应该是没这么好吧，其实应该挺惨的。

看到人家惨，觉得人家其实应该过得比看到的更惨。

有次我好朋友甜妞出差，去了巴厘岛，在朋友圈晒了很多好看的图片，又是海边又是脏辫的，还有五星级酒店和让人住了就不想走的树屋。

几乎看到的朋友都要感叹一句好美，说自己也好想去。

结果有一个女生跑来问我，为什么甜妞可以这样出去玩呢。

我说她出差，正好去了，还要考察路线。

那上次去非洲小岛呢？

也是出差呀，照片挺美，对吧。

可是那个女生明显松了一口气，语气竟然变得欢快起来，她说："我说呢，她才工作一年，怎么能有钱跑那么多地方去玩呢，还全都是出国游，住的还都是五星级酒店。不出差应该就去不起了吧。

“对了，你们平常开销挺大的吧，赚的又少，北京物价那么高，住的房子是不是又破又小？我看你们发的照片房子还不错，但是我懂的，现在都是照骗。你们一定不要亏待自己。”

后来她发给我一个文章链接，名字叫《愿你过得真的和朋友圈里一样好》，里面写了很多什么揭露朋友圈照片的背后，意思是很多人都是表面光鲜，还发给我两张图说：“看你们的朋友圈看起来都挺棒的，觉得你们生活都挺精彩。但是，是不是真的像这样呢，其实过得……当然我没别的意思，就是话说到这了，你们要是有什么让我帮忙的尽管说。”

看完那篇文章，我想了想自己是不是真的把日子过成了这样子。

想了半天，我还真觉得自己有忙要找她帮呢，比如我想嫁给古天乐，这忙能不能帮？

可能，她是真的关心我们，但是这种关心方式，我真的接受无能。

不过，我理解了她的意思，她觉得有的人朋友圈里怎么总是一副欣欣向荣的景象，不是出国游，就是吃了大餐，要不然就是参加了什么有意思的活动，或者又做瑜伽又健身，哪有那么多时间、精力，哪有那么多钱呢？

她觉得很多人的朋友圈只不过是假象而已，觉得我们只是在暗淡无光的日子，发几张照片慰藉一下自己的心灵。

一个字，装。两个字，可怜。

她是跑来拆穿我们的？听我们说一些自己好苦好累的话，才觉得舒心？难道拆穿是因为心疼？

讲真，为什么总有人觉得别人的好生活、别人的积极，都是装出来的，都只是生活中最不起眼的缩影？就是假的？

但是我只想说，有的人过得真的和朋友圈一样好。

甜妞出差住五星级酒店就是真的，因为他们公司出差考察的项目之一就是这个酒店。就算她不是因为出差，这些地方也去得起、玩得起，因为甜妞的工资是那个来表达关心的女孩工资的六倍。

我们的房子看起来不错也是真的，因为我们费了好大的劲才找到一个装修是宜家风的公寓。毕竟住得好一点，心情才能好，可是价格也根本没有那么高。

总是吃大餐也是真的，因为世界上有一种生物叫有时间又爱吃的单身狗，就是致力于吃遍好吃的。如果碰巧找到一个能一起吃的，就可以变成恩爱狗。

当然，我们工作压力大也是真的，我们离家远也是真的，可是我们过得挺开心也是真的。

总有人像前面的女孩一样跑来打听，看起来是调侃，其实就是想窥探以及揣测别人的生活。

突然想到我的一个朋友曾经发微博，发了一张自己的照片，调皮地说今天是被自己美醒的。结果下面有一个人评论说，你的裙子吊牌没摘吧，是不是拍完照要拿回去还？毕竟裙子挺贵的。

在她眼里，你就是那个连一条裙子也要借的人。

我有一个表姐，离了婚，可是她看起来一点也不像失婚的人。每天精精神神，把生活安排得有条有理，朋友圈里不是泡温泉就是带着儿子吃好吃的。

身边的同事、朋友都说她装得太用力，只能展现好生活，其实自己到底什么心情，只有自己知道。她连剪个头发，都能被议论一番，说她是要从头再来了。

我表姐受不了："为什么没有人愿意相信我过得就是很好？"

原来工作时认识的伙伴，30 岁了没有结婚，她的朋友圈看起来也很精彩，不是骑马就是潜水的，有时候也晒晒家里角落的小花，发一发自己的肥猫。

但是有一次她又在朋友圈里发状态说："希望那些总是觉得我的朋友圈是大龄剩女故作姿态的潇洒的人，快点把我拉黑。总想着我应该寂寞无聊？不管你结了婚幸不幸福，我现在就是挺快乐。我才不用装给谁看，演给谁看。演给你看？你买票了吗？"

说真的，为什么大家总觉得别人的好是装的？

大概是因为有些人总想确认别人是不是过得比自己惨。

你买个新包包，她觉得你肯定要节衣缩食三个月，不然一定买不起。

你去听了音乐剧，她说你明明那么穷那么土，终于有机会装一次高雅了。

你秀了个恩爱，他说别装，私底下还不知道怎么吵怎么打呢。

你说自己拿奖金了好开心，他说没日没夜的血汗钱你晒什么晒。

你说今天学了一支新舞蹈，她说你老胳膊老腿了，装丰富。

……

有人说过得好的人从来都没有时间发朋友圈。有人说精神丰富的人才不管自己朋友圈是不是丰富。有人说朋友圈越发什么，就说明生活里越少什么。

瞎扯。

我发了马甲线的照片，马甲线你看见了吗？

我发了好吃的照片，好吃的你看见了吗？

我今天画的新画，上面我自己的署名你看见了吗？

我今天去学游泳，我在水里的姿势你看见了吗？

我今天和男朋友吃饭，我男朋友帅气的脸你看见了吗？

……

你可能非常不屑我的生活，但是你看见的，就是我有的。我不光在朋友圈看起来很漂亮很幸福，我实际上比朋友圈看起来还要幸福。

什么晒不晒，假不假，我就是爱发朋友圈，不行吗？我就是喜欢用朋友圈记录生活，不可以吗？

那些总是在别人朋友圈背后瞎扯的，那些在别人状态底下叨叨的，不想看我过得好，就快点闪开。你要是想给我点赞，速度就快点，姿势就漂亮点。

不管你过得有没有朋友圈里一半好，反正我过得就是像朋友圈一样好。

被大家喜欢，这件事重要吗

讨人喜欢不是一件不值得做的事。

如何和自己的舍友相处，好像是大学里一个永远探讨不完的课题。

有一个读者曾经来问我，说自己已经大三了，依然觉得和身边的人格格不入。宿舍的同学逃课逛商场，在宿舍看剧，每天无所事事。她觉得自己和周围的人不是一个圈子的，所以很少和她们一起活动，也不怎么和她们聊天，现在觉得大家都不是很喜欢她，干什么也不叫她。

她有点难过，觉得自己很孤独，又不知道要怎么改变，更重要的是不知道自己该不该改变。

我问她，大三了，你英语四级过了吗？

她说没有。

你逛街的舍友过了吗？

过了。

她看不上别人逛街、看剧、逃课，觉得自己比别人厉害，但是都大三了，连英语四级也没有过，又有什么资格站在自制的高处去评判别人呢？

如果说你们几个人你看英剧受不了她们看美剧，你们趣味不同无法做朋友，我们还可以简单理解。

可是想和朋友们好好相处，又把自己端那么高，当然不被大家喜欢了。

那被大家喜欢，这件事重要吗？

可能有的人说不重要，他们喜不喜欢我，和我有毛线关系。他们不喜欢我，难道我要抽筋扒皮地去改造吗？反正我一点也不关心别人喜不喜欢我。因为我就是我，是颜色不一样的烟火，我活得开心。

说真的，说这种话的人不是自大，是他们还没有被别人讨厌过，或是还没有到让曾经喜欢自己的人也讨厌的地步。

被大家喜欢，真的是一件很重要的事。

因为这个世界不是乌托邦，不是童话故事，这里全是现实。

很多人都告诉你说，你一定要坚持做自己。这样没有错，但是没人告诉你说，有可能你坚持的自己本来就是错的。

我曾经写过一篇《如果你觉得孤独，不要害怕》，说的是我在大学里曾经被别人孤立的事情。被孤立真的有一种孤独感，所以那个时候我一心想让舍友喜欢我。

当然，我也抱着没有人理解我的想法独自舔了好久的伤口，觉得讨厌我的人都是大傻瓜，可实际呢？生活在一起的五个人，若只有一两个人讨厌你，你还可以这样想，但是有很多人孤立你、排斥你，可能傻的真的就是自己了。

如果我觉得被人喜欢这件事不重要，那我可能就不会发现自己那些真正让人讨厌的地方，所以在大学的时候我就承认了自己的讨厌：

第一，我说话拐弯抹角到有点虚伪。

这点我真的承认，因为我是一个不好意思拒绝别人的人，她们有事来找我，我虽然不情愿，但是还是会答应下来，临到要做了，才发现自己真的做不了，做不了又不肯承认，找一些可笑的理由来敷衍。

很多事情我不愿意别人知道，又讲不出“关你屁事”这样的话，别人问起来的时候，支支吾吾的，就有点虚伪。

第二，经常矫情地无病呻吟。

我曾经真的是一个矫情帝，整个宿舍要按矫情排名，我当第二没人敢当第一。其实，矫情本来是自己的事，和别人有什么关系呢？但是我当时情商低就真的有问题了，我经常在矫情发状态时，会把其他人带进去，也会把自己对大家不满的地方，自以为很巧妙地掩饰过了发到朋友圈去。

可是我傻大家又不傻，大家一眼就看出来了。把对别人的不满发到朋友圈就和在人家背后讲坏话一样，有什么不太满意的，要不当面谈，要不咽回去。可惜当时情商低得可以，我并不明白这个道理。

我想方设法地明白大家讨厌我真的是因为这两点原因之后，我就刻意地改进了。毕竟以后人生路还长，人又是社交动物，我明明知道这是缺点还死命坚持，那我才是给自己断了社交后路。

我那个时候天天觉得自己简直是世界上最可怜的人，其实“可怜之人必有可恨之处”才是硬道理。

我把这两个大缺点改正之后，又和大家相亲相爱到毕业。

很多人坚持说，我真的不在乎别人会不会喜欢我，因为我又不是人民币，做不到谁都喜欢。

我们当然不需要做到被谁都喜欢，因为就算是人民币，还有人说它肮脏、俗气呢。

一两个讨厌自己的少数派不需要认真，但是自己在被很多人讨厌的时候，就需要真正地去反省一下，到底是别人傻，还是自己有的地方真的很让人讨厌。

你被大家指责说秀优越的时候，先别急着昂着脖子解释，你们嫉妒我，我才没有！

你被大家评价说是小气鬼的时候，先别急着翻白眼鸣不平，我就是没有你们有钱！

你被大家认为有点自私的时候，也先别急着气愤地争辩，你们也没有为我做过什么！

我们除了要鉴定别人是不是傻，也要学会鉴定自己是不是情商智商偶尔欠费。

不然当那些喜欢你的人也走掉才发现自己确实讨人厌，可能真的有点晚。

你一直在我的规划里，我从没想过丢下你

从我们出来工作，我的好朋友甜妞就一直在留意出境游玩的团，想给自己的爸爸妈妈报名，让他们出去玩一玩。

甜妞本身就是做旅游职业的，她想给爸爸妈妈选一个不累又好玩的路线，她做过那么多功课，也做了那么多攻略，就剩下资金到位了。

最近因为皮肤状态实在太不好了，拖了很久不能再拖，前两天想去做一下皮肤管理，犹豫了半天："要是交了皮肤管理的钱，加上我 9 月份还要出国考察也要花钱，那我就没有钱让爸爸妈妈出去玩了，他们的行程就要拖后了。哎，挣到手里的钱永远没有花出去快。"

甜妞真的很拼，现在是旅游旺季，她周一到周五每天 9 点多才回家。到家了还要继续接工作电话，听带团出游的导游反馈顾客情况，她再联系当地的工作人员协调解决问题。

酒店不合顾客心意，吃饭不合顾客胃口，路线里的景点可不可以调换，飞机晚点延误……大小的问题全部都反馈到她这里来。

周六日早上她都被着急的语音信息吵醒，然后一秒清醒最快地做出反应。

甜妞去年十一月份换工作，进了公司没几个月就升职，靠的就是这种认真负责的劲儿。

我知道现在这个社会风气，说谁努力说谁上进就会被判定成毒鸡汤，但是这个人就是努力了运气好，是毒是砒霜，更是事实。

甜妞是那种从小被父母宠大的女孩，出去玩那点钱，她爸爸妈妈完全轻松地就能拿得出来。但是为人子女，和父母的钱没什么关系，这必须是自己的一点心意。

不虚假不虚伪。

我看到一篇文章的题目是《孩子，你的人生规划里可有父母》，我相信，大部分人的规划里是有的，不管是远游在外的人，还是守在父母身边的人。

这种规划可以大可以小。

我还没工作的时候特别羡慕我表姐，她比我大5岁，结婚、工作之后还会经常顾及爸爸妈妈。

她爱吃，知道全市哪里有好吃的，不光自己去，还带着爸爸妈妈一起去，不管是拐角处的小火锅，还是新开的薯条冰淇淋西餐厅。

她爱穿，一个礼拜逛上五天都不嫌累，但是买回去的衣服一定不会少了爸爸妈妈，自己工资不是那么高，给妈妈买一件一万多块钱的大衣也不心疼。

她爱臭美，自己瓶瓶罐罐买一大堆，用着有效果，也给妈妈捎两瓶；她注重生活方式，所有觉得不错的电器都给爱养生的爸爸来一个。

“不就是花钱吗？”

等你有了钱舍得给父母花，想着给父母花，根本就不是给父母花钱这么简单的事情。

花钱，更花爱。

她的人生没有什么轰轰烈烈的规划，没有想过当什么女总裁，也没想过职位做到多高，她在一座小城陪着自己的爸爸妈妈，她所有细小的规划里，都有爸妈的一份。

这种规划，小，但是伟大。

今年元旦的时候，我问过大家一个问题，我说你们有什么愿望呀，可以说出来，我帮你们记着，今年快过完的时候，看你们完成得怎么样了。

一个和我一样大的妹子说，她的愿望就是能赚够一套房子的首付，给爸爸妈妈买一套房子，可以不大，能让他们住着安安心心养老就行。

妹子也是在北京，她像无数个在这里打拼的年轻人一样，淹没在早上茫茫人海里，可能晚上在回家的地铁车厢里抓着手环，想着这个月发了工资有多少存款，离一套房子的首付还差多少。说不定，想着想着就笑了，快了呢。

我去年工作工资少得可怜，想着能给爸爸妈妈一笔我真正意义上上班赚的钱。过年的时候打到了我妈的银行卡上。

这点钱家里缺吗？不缺。她宁可我吃好穿好，别冷着饿着。可我需要这种仪式感。大概能消除一点我没有听她话，没有陪在家人身边的愧疚感。虽然真的不多，但是我想给。

我老板姐姐说丑宝宝也跟你一样，真是不理解你们这群人赚了钱给爸爸妈妈的人，爸妈又不缺。

其实我老板骗人。因为她也经常给她妈妈打钱，让她想买什么买什么，公司有什么好东西一定会给她妈妈寄一份。休假的时候带着妈妈去旅游。她自己给忘了。

有人说，父母在，不远游。出去远游的孩子，都够狠心。我承认，远游的孩子，没有心太软的。

其实，远游的孩子也把爸爸妈妈列在计划里了。只是有的人不敢说出来，因为生而为人，活着不易，怕自己到头来真的连自己都顾不好，还是要累着爸爸妈妈，空许了一堆做不到的话。

我妈总是担心我说，你要是嫁到外面，老公也是外地人，你们以后有了孩子谁给看？

我说我自己的孩子当然自己看啦，到时候找个阿姨一起看。

我妈又说，说得简单，就怕你们连个房子都买不起，还找阿姨，小小的屋子，就怕我去了也住不下，帮忙都没办法帮。要不以后你就把孩子送回来，我在家里给你看。

我连男朋友都没有，她已经想好了以后给我看孩子，连最坏的打算都帮我做好了。

我安慰她说没事的，我最近在理财了。虽然没什么财可以理，我看了看现在的商住两用房，我结婚好像太遥远，要不我就先买个超小号的住着。虽然又小又不便宜，但是好歹是个家，我未来50年也有保障了，等我结婚了，那个小房子就给你们住。

我就这么随便一说，她查了一晚上，给我打电话说，也行，那我们一起攒攒钱给你出首付。

你们看，他们总是忍不住给我们规划这么多。

我甜妞的爸爸也是，总觉得她怎么还没往家里领男朋友。很早以前就说过，找一个穷一点的小子也不怕，只要你喜欢，我们就喜欢。实在不行就回来，我们家里的房子，给你们住。

你的爸爸妈妈也是吧，就算你胸有大志，他们为你骄傲、对你满怀信心，但还是忍不住，把所有事都为你打算好。

想来想去，我们能把自己规划好，也算是给他们省心了，甚至是帮了他们一个大忙。

人生规划这种事啊，词有点大，但是不算浮夸。无非就是我们以后要怎么过。我的生活，你们的后半辈子。能把你们前半生给的爱，还一点是一点。能随时照顾你们最好，不能随时，也不要离我太远。

规划这种东西也不够实际，我可能没说，但是我在做。

我正在用我的努力换你以后衣食无忧，我正在用我的陪伴解你忧虑烦思。

可能我真的是一个绝情又狠心的人，爱过谁，恨过谁，也抛弃过谁。

但是请你相信我，你一直在我一辈子的规划里，我从未想过丢下你。

第三章 你这么拼，是为了配得上更好的人

你这么努力，
不是为了变成只适合结婚的女孩

有一次我去了北京二姨家，她说要包饺子，正好让我也学一下。我一边笨拙地擀着饺子皮，和那些不听话总想露头的饺子馅较劲，一边和二姨聊天。

她问我，既然刚入职的公司老板跑路了，这个工作没了，接下来有什么打算。

我说先不找工作了，集中精力把手头的书稿写一下，再和新认识的朋友一起做点别的事情。而且突然时间空下来了，也想谈恋爱，原来谈恋爱总是喊口号，现在要落实到行动上去。

之前一直催我和表姐找对象结婚的二姨，忽然话锋一转，劝我不用着急谈恋爱："不着急，你现在谈了恋爱也不会结婚，你和我一样，都是那种事业型，根本不是人家要找的那种可以结婚过日子的人。"

二姨把我和她归为一类人，我很开心，因为她是一个很厉害的女人，白手起家，一点一点做到在北京落脚安家。

不过我还算不上事业型，和很多真正事业型的女人相比还是弱太多，没有足够强大的能力，也没有撑得很大的野心。

可是如果我变成了一个真正的事业型女孩，会是那种不适合结婚的人吗？

难道喜欢在事业上寻找自我价值的女孩都不适合结婚过日子吗？

想了半天，好像在很多人眼里，确实是这样的。

听过很多男性朋友的择偶标准，他们想找的结婚对象，就是那种安安稳稳的女孩，按部就班地毕业工作，工作稳定之后就结婚生子，不在工作上再有很大的企图心，可以在家庭里寻找到最大的满足感。

“我希望自己回家之后，有温柔的妻子，可爱的孩子，整齐的客厅，熬好的粥，炒好的菜，洗好的衣服，一家人其乐融融，我们还可以一起聊聊天，而不是两个人一起很疲惫地回家商量点什么外卖。你懂吗？”曾有一个男性朋友在拒绝了一个很优秀能干的女孩之后，这样解释。

其实，我不太懂，粥可以两个人一起熬，菜可以两个人一起炒，衣服可以一起洗，这不该是两个人可以一起做的事情吗？干吗必须女孩一个人提前做好，做不好这样的事就算不适合结婚了吗？

听多了这样的事情，我忽然有了疑问，你可以说一个女孩没有担当不适合结婚，可以说她不够专情不适合结婚，可以说她没有责任心不适合结婚，可以说她太滥情不适合结婚，但是一个勤勤恳恳，活得认真，想让自己看更多风景的女孩，也不适合结婚吗？

女孩子们的问题接踵而至：

难道做得好真的不如嫁得好？

我们这么拼，不就是为了能配得上更好的人吗？

为什么努力让自己变得优秀，反而不适合结婚了呢？

其实，仔细想想，给女孩子贴上这种标签的男人，绝大部分是自己什么都没有，也沉迷于现在的平庸与安稳，遇到太能干的女孩他们驾驭不来，只怕在日后的生活里，他们难以再向对方释放独特的雄性荷尔蒙魅力。所以他们不敢接近，也情有可原。

不过这样的男人，你大可放心，那些优秀的事业女孩，也不会想要和不自信且平庸的你们结婚，你们觉得她们不是过日子的好选择，她们也不会选择和你们共度余生。

毕竟我们这么努力，不是只为了变成一个适合结婚的人。

物以类聚，人以群分，对精彩生活有执念的女孩，自有能和她一起领略风景的人。而他带给她的生活，不只有一起炒菜煮粥的温馨，还有一起掌舵生活、历经大风大浪的信心。

就像我的舞蹈老师Sana，一个人折腾到中国来，不好好做自己本专业的工作，而是热衷舞蹈。从开工作室到开公司，不想停下来，不想歇着。用普通男人的眼光来看，她怎么会是一个适合结婚的人呢？她的丈夫正好欣赏她这一点，支持她做自己喜欢的事，一边做着自己的公司，也全力支持她的事业。

还有我最近遇见的女孩们，虽然这次入职的公司是个大坑，但是团队里的同事们都让人好喜欢。

我的直属领导看上去就是一副女强人的样子，雷厉风行。曾经做过很多成功的项目，共事了一段时间之后发现，她的观察力 / 执行力和策划力都值得膜拜。而公司的另一个女合伙人也一样，不仅有光鲜的履历、漂亮的外表，还有让人佩服的能力。

有时候看着她们，会忍不住想，她们应该就是普通男人眼中那些“不适合结婚的人”吧。她们又忙又累，面对工作就已经用了太多的精力和耐心。

可是如果她们不适合结婚，为什么还能嫁得出去呢？

直到前几天看到她们的老公团，才恍然大悟，她们的另一半本身就和她们一样或者比她们还要能干。

还有另外一个部门的总监姐姐，她也同样优秀，带领着很多同事，也经常加班赶项目。可是她已经结婚，宝宝也都上幼儿园了，事业心也没有减半分，对生活的乐趣追求也没有少半分。她说她和她老公正在办理移民，因为认为总是待在一个地方也觉得无趣，还想给孩子找一个合适的教育环境。一辈子这么短，才不想被房子、车子、孩子所困。

她们都是看似不适合结婚的人，可她们的婚姻也照样幸福开心。结不结婚，关键不在于你是否能够忍住自己想要认识世界的欲望，而在于你会遇见怎样的另一半。

要遇到同频的人，因为只有这样，你们在一起放眼的才是更宏观的生活意义。

而且本身有能力、有条件和实力的男人，他们的包容也足够大，才不会因为女孩的优秀和努力心怀芥蒂。

“我不在乎对方有没有工作。”一个在读 MBA 课程、要自己做品牌的男孩这样说。

这是每一个女孩都想遇到的男生。是啊，不在乎，你没有工作，没关系，我也可以给你提供很好的生活，不会让你受累吃苦。你有工作有事业，那我们就一起把各自的事业做得更好，还能彼此支持，互相成就。像维多利亚和贝克汉姆，也照样是让人艳羡。

所以，没有人是不适合结婚过日子的，只看对方是不是对的人。就算我们有幸成为事业型女强人，也是适合结婚的人，只不过在安稳的基础上又增添了很多不一样的生活内容罢了。

要不要做更好一点的工作，要不要去更大的城市，要不要学习更多新知识，如果你还在为这个问题纠结和犹豫，就相信自己吧，别为了做一个别人眼里“适合结婚的女孩”就停下来。要走就走得再潇洒点，要飞就飞得更高点，因为只有这样，你才会遇见那个有能力包容你、爱护你、支持你的人。

爱情和结婚，也难逃一场势均力敌。

而你那么努力，不是为了变成一个只适合结婚的女孩。

你真的越来越好看了

我有好多朋友做一些穿搭、护肤之类的内容，我问她们，内容发布出去之后，你们最不喜欢看到哪种回复？结果这几种回答票数最多：

第一，没用，还是要瘦了才好看

第二，没用，还是要看脸

第三，没用，还是要身材好才好看

第四，没用，还是要有钱才行

这几种回答看似真的好正确，说得真的好对啊，因为现在大趋势审美就是这样子，要个高、条顺，要小V脸、大五官，要不断买买买才能穿成时装精。

但是，做出这种回答的人，往往不是符合上面条件的，而且绝大部分是一些身材不好，脸蛋也不够精致，整个一个路人甲姑娘。因为离这种要求太远了，所以“我胖啊，我黑啊，我矮啊，我穷啊”变成了她们拒绝让自己好看的理由。你不管给她们看什么、写什么，她们从来都是看过就算了，老样子还是老样子。

我身边就有很多这样的人啊，之前我工作的时候认识一个微胖的女孩，她从来都不想买衣服。她说反正穿什么都不好看，不买了。她还劝我不要去，别折腾了，反正你长得矮，随便穿一件得了。

我忍住没翻一个大白眼给她，就算我来自小人国，我还是想穿成一个腿长的不正常的小人儿！

很多人羡慕别人的好看，却无所作为。总想等着自己有朝一日突然瘦下来，突然脸小鼻子高，突然有钞票，好像那个时候才有资格谈“好看”这两个字。

真相是大部分人都是做梦，然后扮作路人甲，毫无亮点地过一生。

变好看真的有那么难吗？

其实好看有两种，且都是基于自己审美之上的：

一种是你仰望的好看，比如女明星符合三庭五眼的标准脸；超模的前凸后翘或者瘦如平板的身材；时尚博主们无敌的搭配功力。这些你都站在欣赏和羡慕的角度，有一种觉得赏心悦目的喜欢，甚至想和这种好看媲美。

另一种是基于你自身条件的好看，这种好看只需要和自己做对比，比如你这个发型会比那个时髦一点；你穿这个会比不穿这个更显身材。是一个每天都让自己 Be better 的过程。

第一种好看可能更难点。如果你喜欢全智贤，你觉得女人一定要长成那种攻气十足的样子才好看，你决定把自己整成全智贤的模样，又要挨刀受罪，又要花钱花时间，还有各种风险，我觉得这种好看真的太难了。

能选择这种好看的人，都算是对自己狠的，不是谁都做得来的。不过有人看不惯别人整容，还大肆讽刺，其实没必要，你丑着就不允许别人费尽心机地去美了？

相比来说，第二种好看简直太容易了好吗？看《公主日记》里的那个经典片段就知道了，一头卷毛的粗眉眼镜牙套妹，稍微收拾收拾，一下子就变了一个人。

不过肯定有人依然会找借口呀，安妮·海瑟薇本来就美好不好？

她本来就美没错啊，那是因为你平常见到的是戏里她的样子，第一眼对她已经有了美的设定，但是如果不认识她的人看这部电影，看她出场，狮子头、大粗眉、牙套、眼镜，就已经够描述她的了。

其实，变好看一点真的不难啊，现在就能列举几条让你立马变美的方法：

第一，戴隐形眼镜，或者换一副眼镜。

绝大多数妹子不戴眼镜比戴眼镜好看，别看这个小小的眼镜了，尤其是当眼镜不符合自己的气质，款式老旧时，它能毁了我们。换一副好看的眼镜，或者戴一副隐形眼镜，绝对让我们好看不止一点，有时候可能真的是因为一副眼镜封印了我们的美。

第二，涂口红，修眉形。

之前我写了一篇《口红是女人的兴奋剂》，很多女同胞都认同，说口红大法好，涂上之后立马气色就不一样了，整张脸都有了精神。合适的口红颜色，真的可以拯救你于路人中。打个粉底，涂个口红，就像开启新人生。

眉毛也很重要，如果眉毛过浓过长就去修一修、剪一剪，眉毛过淡就学着画一画、补一补。

很多人听信了“素颜才是女神”这个理论，但是素颜不是说顶着一张毫无生气的大毛孔、大油田脸。

第三，换个发型，换个发色。

每换一次发型，真的不亚于一次整容，只要找到合适自己的发型，颜值绝对噌噌地往上升，看好多女明星的发型对比图就知道了，像霉霉，她从长卷发变成齐肩短发，比长发更有味道一些。

我们普通人也一样的，比如和我在北京厮混的小表姐，她把长头发剪短之后整个人就发亮了，好看到我立马跟着她去剪掉了。虽然比不上高俊熙、高圆圆她们，可是和之前的我们自己相比，真的是好看了很多，有了点信心之后我们又去染了色。我的好朋友甜妞，去烫了个大卷之后，瞬间女人魅力飙升。

其实，还有好多立马就能让你变好看的方法，比如穿一双合适的高跟鞋，用一个看起来有质感的包包替换掉手里的随便袋……

而长远一点的，提升品位，能辨别什么能看起来有质感，什么是时髦；雕刻身材，就算有一点肉但是不妨碍我们有曲线；学会选择，知道什么合适自己，什么和自己的气质、风格不搭调。

如果听到有人说，哎呀，你这么胖还穿什么穿，你这么矮还穿平底鞋，你这么高还穿高跟鞋，你这么瘦穿什么都晃荡，别折腾了，这些都属于白富美。

还是请礼貌一点让她走开，太酸。

反正这个时候，我们的好看，不是和别人比的，因为永远会有比我们更好看的人存在。你做不到赶尽杀绝，就只能坐地修炼，让自己的好看一级一级升上去，只要用心之后的自己比敷衍之前的自己好看，就够了。

那至于有钱没钱买这个问题，就和我们要不要过好生活一样，没钱难道就不能臭美了？其实钱从来不是阻碍我们变得好看的因素，一百块有一百块好看的裙子，一万块有一万块好看的上衣，一两件衣服有一两件衣服的干净，一百件衣服有一百件衣服的花样。

好看真的没那么难，因为想要好看的人才不会被自己的工作、身材、钱包等各种原因绑架，好看的人永远有好看的方法和心情。

而且在这场Be better 的修炼里，很多姑娘都会发现，“我真是越来越好看了”。

女朋友，男朋友，一样重要

爱得太满，睡得太晚，是很多人的通病。

晚上看了韩国版的《深夜食堂》，其中有一集是讲三个平常形影不离的女孩，感情很好，总是结伴去深夜食堂吃面。但是有一天，她们再也没有同时出现过，因为——她们交了男朋友。

女孩子什么时候最容易失去朋友呢？

不是对方比你好看时；不是对方比你优秀时；也不是两个人撞了衫，其中一个人比较丑时。最容易失去朋友的时刻，就是你爱得太投入，完全忘记了朋友时。

我不知道“不要爱得太满”这句话到底对不对，爱一个人时要付出百分百的真心没跑呀，但是不能把整个重心都放在他身上，生活里只有爱情肯定不太对。

就拿和朋友相处来说吧，很多人一谈恋爱就完全断了自己的社交圈。

闺蜜找你去逛街，你想陪你男朋友。

闺蜜找你去美甲，你想陪你男朋友。

闺蜜找你去约饭，你想陪你男朋友。

……

好像黏黏糕，只想和他黏在一起。

热恋时这样做还好，但是整场恋爱一直这样就会有点危险。可能到最后你发现，你只能陪你男朋友。或者到最后，男朋友没了，你就什么朋友都没了。

我曾经有一个很要好的朋友圈，几个人，经常一起活动，剁手腐败，唱唱歌、喝喝酒、长长胖，偶尔也谈谈理想，说说规划。

但是其中一个女孩子交了男朋友之后就不怎么和我们往来了，可以用不见人影来形容。

我们偶尔找她继续“闺蜜 night”也会被拒绝，原来说好的一起去旅游也泡汤了，理由是——她要和男朋友一起去，给他们的爱情留下美好的回忆……

当时我们都觉得他这个男朋友真是我们友情的第三者。

后来我们有什么事都不会喊她去了，因为反正她也不会来。

但是她也会主动出现，什么时候出现呢？

让我们帮忙分析她男朋友是不是鬼鬼祟祟要出轨，或者就是打听那个谁谁谁是不是单身，因为她评论了她男朋友的微博，要不就是她和男朋友吵架，让我们支着儿……

按说一场真正的友情就是无条件地支持对方，喜欢对方，帮对方分担一些事情。但是，被抛弃的人还要心甘情愿地当答疑机、情绪倾诉筒，半夜不睡听她讲一些风吹草动，大家也不是圣母，谁想好不容易一联系就要变身情感专家？慢慢地就和她疏远了。

后来她分手了再回来找我们时，明显就有了很尴尬的气氛，再怎么样也回不到从前，毕竟她和我们脱轨太久，她自觉有些陌生，就不怎么加入我们了。而那个时候，大家的朋友圈也都很固定了，她也没办法去融进一个新圈子。

友情是要经营的，不是所有人都有资格享受一场友情童话。那些好久不联系还能一见如故的，毕竟是少数。

其实，女孩子在恋爱时不小心把自己的女朋友们丢了，很多时候是自己主观选择的。

但是当女孩子成为妻子和母亲时，把自己的女朋友丢掉，大多数都是被动的。妻子和母亲，是世界上最忙的一个职业，她们中，不是所有人都有机会能享受社交活动。

有一次我早婚的闺蜜在一次聚餐上哭了起来，那个时候她的宝宝才几个月大，她说，她真的很想出来和朋友聚一聚，但是没有人能帮她看宝宝，她每天在家看着天花板，看着手机，觉得自己真是太孤单了。

不知道大家记不记得《阳光姐妹淘》里的情景，女主角中年时把全部的心思都放在家庭上，关心老公三餐，给青春期的女儿顺毛，看上去没什么大烦恼，但是一个人在家真是太寂寞了。

但是，遇到曾经的朋友，她的少女心一下子就重燃了，甚至像年轻时那样，去打群架。

后来在大姐大的灵堂上，像年轻时那样，跟朋友们一起给大姐大跳了最后一支舞。

感觉生活一下子有了色彩。

我们可以只有一个丈夫，一个家庭，但是又不能只有一个丈夫，一个家庭。不管什么年纪，我们都要有好朋友。她们能让你燃，让你烧，让你的生活不那么无趣和单调。

和她们疯，和她们闹，和她们逛遍商场，和她们喝遍尝一口就失眠的下午茶，和她们一起评价过往的行人围巾好看，和她们说谁总是和你暧昧不表白，和她们叽叽喳喳你的烦心事，甚至来一场大醉。

只有她们能让你还记得，自己是一个娇滴滴的女孩子。

在爱情里，我们要独立；在家庭里，我们需要偶尔小小的自私。反正别爱得太满，估计真的是个人生哲理，就好比别把所有鸡蛋放进同一个篮子。

当你爱你的男朋友时，也请你偶尔看看身边的女朋友，放心吧，她们不会逼你回答：

当我和他同时掉进水里，你先救谁？

朋友圈点赞，人生一大酷刑

备受好评的《黑镜》第三季刚出来时，我迫不及待地去看了第一集，讲的是人们都活在要受其他人打分的社会里，不管是陌生人还是老朋友，他们都可以给你打分，从你在现实社交活动里的表现，到你在网络上发表的动态和图片。

在那个社会里，分数太重要了，别人给你打的分数可以决定你有申请怎样级别贷款的资格，也关系你的社会地位，分数太低，甚至要被关进监狱。

所以每一个人都被控制，大家都活得虚伪且无趣，小心翼翼地讨好着周围人——哪怕是只会见一面的人。

女主角慢慢地开始去研究怎样才能得到周围人的喜欢，怎么才能让别人给自己打高分。看完之后我觉得自己好幸运，没有被这种可怕的评分体系包围，还能自由地做自己。

但是仔细想想，其实我们已经失去了一部分自己。就拿离我们最近的朋友圈来说，看完这集剧，我都不好意思再给别人的朋友圈点赞了。甚至，都不知道再怎么发微博、怎么发朋友圈了——

因为我发现我也在不自觉地讨好。

我发一张自拍，会希望大家都来夸我好看，夸不出好看也要说可爱。

我发一条段子，会希望大家觉得好笑，认为我幽默风趣。

我发一条心情，会希望有人能来附和我，不管是安慰还是共鸣。

看似是表达自我，其实里面充满了揣测和迎合，总是想着用什么样的语气、什么样的强调能获得更多关注。这种揣测和迎合，让我的朋友圈像一个产品，而我自己是产品经理，连心情和状态都要经过二次加工。

讲真，我觉得朋友圈点赞，是当代人的一大酷刑，是无形的绑架。

潇洒一点的人还好，玻璃心的人很容易疯掉。

和几个朋友聊起这件事，她们也觉得是啊。

朋友A，发一条状态，五分钟检查一次，没人点赞就要删，因为大家都是一个朋友圈里的，自己一条状态孤零零的，被别人看到了没面子。

朋友B，最不能忍受的是自己的评论没有被回复。而且微信设置很让人伤心，对方回复共同朋友自己也会收到提示，不能忍受对方回了别人，没有回自己。

朋友C，屏蔽一些从来不给自己点赞的高冷帝。他们觉得人生需要平衡，你忽视了我，我就要强迫自己忽视你，眼不见手不痒。

朋友 D，不光删自己的动态，还要删自己给对方的评论，也要取消自己给对方的点赞。

……

不管我们承不承认，这就是我们目前的心态，越来越沉溺于虚拟社交带给我们的成就感——点赞多，评论多，会认为自己好受欢迎。

这和剧里的打分机制，没有什么不同。

我们都希望在对方心里营造一个自己想要的形象，我们都希望做一个被很多人喜欢和点赞的人，就连一些看似高冷的人，其实也满满都是迎合。

这大概是社会病，再怎么医治都无果。因为我们身边有太多让我们在意的人，领导、同事、同学、老师、朋友……

有人说，自由情绪的丧失是成人的标志之一。

可是长大好累，我们的成长已经够艰难了，怎么也要努力寻找一个可以表达自己真实情感的宣泄口，不管是深情、沮丧还是愉悦、矫情，不带任何迎合和讨好，就算有，希望有一次，也只是讨好自己。

强行融入一个圈子，真的那么可怕吗

我刚开始写文章的时候，谁都不认识。当时的老板待我很好，她已经是一个写过很多书的畅销作者。我刚来北京，她说她要带着我经常参加一些活动，多和大家交流。

有一次她带我去中关村创业大街参加她的新书发布会，有很多现在都比较火的作者去做嘉宾，就是我们朋友圈里经常能看到的那些作者。

不用说，我作为一个小透明的作者，在后台见到他们，觉得很尴尬：

首先，没得聊。

他们圈子里的事情，我不知道，也没有那么有兴趣，他们聊得特别嗨，我没什么要说的，听起来也觉得没意思，所以我只能很尴尬地玩手机。可是手机又没有信号，于是那里有多少 Wi-Fi 显示，我就试着连了多少 Wi-Fi。

其次，没自信。

他们都是已经小有名气的作者了，我已经自觉地在心里和他们划开了界限，我连自我介绍都没做，我怕做了自我介绍，别人也只是呵呵呵，我这种玻璃心，就是怕热脸去贴冷屁股，虽然人家不一定冷。

我回家和朋友谈到这件事，我问他，我有这样的感觉，是因为我自尊心太强了吗？是因为小心眼吗？

我朋友说，不是，其实很多人都很害怕这种事。毕竟在你的观念里，你能和他们见面，不是因为你和他们本身就站在了一个水平线上，而是有那种开了后门的不适感。

我觉得他分析得很对。虽然我没有盲目崇拜，没有那种“他们好厉害我好草包”的感觉。我自觉尴尬的最主要原因是，他们是一个圈子的，而我不是，我还是一个局外人。

那什么时候就不会尴尬？

等我靠自己的实力和他们对话的时候。

不过，还好我懂得自己怎么去消化这种尴尬的方法。

我在高中的时候，因为一些不可抗拒的原因，我入学晚了两个月，落了很多课。结果文理分班的时候我还没补回来，分优慢班时，老师还是看我的入学成绩，把我分到了重点班。重点班的容量按计划应该是 60 个人，大家按入班成绩排的学号，结果实际报到那天，我班一共 63 个人，我排 61 号。

你们知道那种感觉吗？就是班主任看你一眼，你都觉得别有深意。尤其是我一说话，老师们随意一瞥，我就替老师演了内心戏：“这个孩子，走后门进来还不好好学习，真丢人。”

对于我这种好面子的人来说，真是度日如年，好煎熬。

尤其是我同班的好朋友说："原来你是把别人挤下才进来的啊。"外加一个意味深长的眼神。

我差点儿当场奓毛——我没有挤别人啊！是老师看我入学成绩不错，帮我加了个名额而已啊！

我的心里都已经在呐喊了。

当然这种事不光荣，但是就是那种感觉，周围的人都是正常按成绩分进来的，只有你们三个人是觍着脸硬挤进来的，让我还是很有挫败感的："早知道这么烦，我就去争鸡头不当凤尾了。"

不过我承认啊，这是我自己要求的，因为我成绩本来不差，落课并没有在我的计划里。然后我每天都很认真很认真地好好学习。期待着第一次考试快点来，第一次考试还好，全班排到三十多名。高考成绩排到了班里第十一名。

反正就是抱着这种不能让别人看不起我的心态，我度过了高一。后来我就把这种玻璃心的想法消化掉了，转变成了整个高中专心向前跑的动力。

如果我们班是一个圈子的话，不管自大还是傲娇，反正我就是坚信这个圈子里本来就应该有我，我不能自己把自己抛弃。

当然，我也有那种被拒绝的经历。

大学的时候立志要进学生会，因为我这个人从小爱现，又闹腾，觉得加入学生会当个班干部，生活就会精彩一点。我一路从我们院面试到校。我也不知道我一个小姑娘，年轻的时候怎么那么浮躁和狂妄。

我做的所有选择都是单个且不给自己留后路的，要不我就去这个，要不我就不去了。结果当然可想而知啦，学生会拒绝我的原因是，哎呀，小学妹气场太强了，不是那么好管理……

挺伤心也挺挫败的，舍友不是学生会的就是班干部，而我只是一个小平民，这之前我都还觉得自己还可以啊。

不过还好，幸亏我后来找到了自己喜欢的事情。看他们忙东忙西也不开心，觉得那个圈子应该本来就不属于我。后来因为我经常参加集体活动，学姐觉得我其实还不错，给我机会再去当时想去的部门时，我想了想拒绝了，因为当时我想要的，现在发现并不是自己真正喜欢的。

其实，这种圈子并不是什么人际交往，更多的是一种能力的判定。我当时想加入它，就是想证明自己还行呀，并不是真的喜欢那些琐琐碎碎的学生会工作。

想到这里，我还是有一点小小明白的，我们不小心进入一个陌生的圈子不用尴尬，对一个圈子也不用太执念。我们得随时保持两种能力，一种是可以认认真真地无限靠近的努力；另一种是懂得自己不喜欢就不贪心的控制力。

所以，你真正想进入一个圈子的时候，你的任何努力奋斗和任何改变都是在“强行”。只要你确定这个圈子本来就是我的，可能一开始你并不是那么合格，那以后谁知道呢？努力总归是没有错的。

求求你，千万别为我牺牲

我大学的时候喜欢看“情感师太”亦舒的书，里面满是“师太”别致的女人观——港女的独立。我想我是多多少少受了点影响，觉得作为一个女性，有点野心，没什么不好。喜欢放大并看清自己的欲望。就算人格太过独立，也是在这个危险和纷杂的世界为自己镀了一层保护色而已。

有时候回头看看自己，时常自我反省、自我说服、自我教育，活得太理性，竟然没有激烈的相爱相杀。有的都是在平淡与琐碎里的争斗，不断克制着，包括感情。

有时候我想啊，我什么时候也能像电视剧或者电影那样，精精彩彩、轰轰烈烈一次呢。无所畏惧地一头扎在一段感情里，不计后果。可是，抱歉啊，我好像天生理智。就连最无所畏惧的青春期，也多着薛宝钗那种让人讨厌的自我规劝劲儿。

我克制自己，也不喜欢别人为我勇敢到无所谓。

我曾在亦舒的《喜宝》里看过一句话，“我最怕别人为我牺牲，凡是用到这种字眼的人，事后都要后悔的。将来天天有一个人向我提着当年如何为我牺牲，我受不了”。

十分认同。

16 岁到 20 岁的时候曾喜欢一个人，真是喜欢到骨头里，现在想想，喜欢这么久都没有结果不知是为什么。

有一点就是，我常抱着一种牺牲感自我感动。我常觉得我为你牺牲的，是最美年纪的守候。而你还不爱我，你是不是眼瞎，我等你这么多年，你真的看不到吗？

而我这种牺牲仅仅是时间，就已经把自己架到高处下不来。和他沟通聊天的时候，我就会提到自己的这种牺牲感，让他厌烦。可我实际上什么也没有做，我没有坐十几个小时的火车去看他，也没有日夜发信息给他。

如果他当时能了解这种牺牲感，我想他可能最想对我说的就是，那求求你好了，别为我牺牲。

生活里太多这样的事了。

很多人都说，谈恋爱要懂得互相亏欠，因为互相亏欠真的很重要。可是很多人都忘了，亏欠多一点的是那个更爱对方一点的人，就算他再怎么不提及，心里也会有一种“我为你牺牲很多”的委屈感。

这种委屈感很容易动不动就泛滥成灾。

我朋友的男朋友，对我朋友好上天际。可是一吵架，他就自动切换成亿万分的委屈模式。一泛滥就有了铺天盖地的牺牲感，是那种一吵架就能搬出来，一有分歧就能拿出来的牺牲感：

“我为你放弃了那么好的工作机会来到你身边，你这样做对得起我吗？”

“我为你抛弃了家里人、抛弃了原来熟悉的环境跑到这个陌生的鬼地方，你竟然还这样说！”

……

他来我朋友在的城市工作，结果并不是很顺心，所以总是摆出一副，“如果不是你，我绝对混得比现在好”的样子。我朋友莫名其妙，我当初没有喊你这样做，也没有要求你做什么。就好像你来这里工作，工作顺心了是你自己的能力好，工作不顺心就都怪你太爱我喽？

夫妻吵架，其实也是这种模式，有一点点不顺心，就会把这种说法搬出来，要人家时时刻刻记住，你是欠我的。

可是真的欠吗？谁说得清楚？听的那个人有嘴巴也辩不清楚：欠 Ta 了吗？好像是 Ta 主动做的，我从没要求。那不欠吗？我又偏偏觉得对方说的有道理。

基于这种情况，我从来不对别人提什么过分的要求，我好怕别人为我牺牲。

我能做的就是他们对我好时，要么加倍地去对他们好；要么选择视而不见。因为很多时候，我想要的是一车苹果，你给我一车香蕉，我真的感动不起来呀。

单方面的给予感太热烈，就容易让人恐慌。

就像有人一恋爱，就失去理智。对方还什么也没说，也没有表态，就愿意为对方做牛做马，上天入地下油锅——可是一旦感情不顺利，这种牺牲感绝对致命。

所以，我不介意你爱我时，更爱你自己一点，委曲求全必有后果。如果必须委屈，那就两个人一起来，我不想让谁的牺牲感绑架感情。

或者说，这是自私的我，为可预见的日后争吵找了一个借口，来提早防备。毕竟人再理性，也都是感性的。再怎么牺牲，到最后也要为自己争辩。

全世界，
我只想和你有话说

自从我离家出去上学工作，我和很多好朋友的见面频率就变得很低。

2016 年元旦我回家，和从小长到大的闺蜜匆匆见了一面。那个时候她的宝宝已经几个月大了，我还没有怎么见过。这次见她，我更想看看她的女儿。

这个小小的宝宝，生人一抱她就要哭的，但是我抱住她的时候，这个小人儿一点也没有哭闹，一直在笑。

后来她还会主动找着我，要我抱。

可能这就是缘分，对不对？

连小孩子心里都知道，谁和谁比较亲密，“妈妈的好朋友，我怎么会嫌弃？”

我们每个人都有几个闺蜜，你结婚了我必须是伴娘，你生娃了我必须是干妈，或者是要好的兄弟，光屁股长大和泥抓蛐蛐干坏事，你的婚礼我一定热热闹闹地去闹腾。

可能是我们比较有缘，曾经在这么多人里就看你不顺眼，到最后怎么就看你最顺眼。

曾经看过很多文章，说朋友之间为什么会渐渐疏远。无非说什么生活方向不同，说什么生活圈子有异，大家不是小时候那样在一起和稀泥那么简单。

这是我们经常会犯的错误，总觉得朋友之间会变得生疏，全是因为无情的岁月和时间。

其实这都是错觉。

难道生活方式相同了，就不会生疏吗？

我和最好的朋友一起在北京，我们两个人合租住在一起。生活方式没什么差，吃饭、逛超市、聊工作、谈理想，过得比夫妻还夫妻。

但是有几天她很忙，我也很忙，两个人回家之后都懒得抬头，连话都说不上五句。

我买了新衣服都没有展示给她看，只是默默挂在衣柜里；她换了新工作，也没有和我说太多。

没几天，我就觉得两个人之间隔了一堵墙。

我们认识七年了，我们可是好到能穿一条裤子的闺蜜啊，怎么能允许两个人变生疏？

我开始找话说，她开始关心我，我们还互相帮对方按摩彼此的办公室大硬背，最后聊天畅想到深夜。

虽然第二天两个人顶着黑眼窝去上班，但是觉得原来我们还和原来一样好，这真让人快乐。

朋友变得生疏，和生活方式真的没多大关系，只是日积月累的不愿沟通，最后还要将自己的过错怪到岁月的头上。

比如我的好闺蜜结婚之后，我也觉得，会不会从此她的话题都是老公、孩子和婆婆；我的话题还是上学、上学和上学。毕竟等我结婚，她的二胎都能给我做花童了。

我们应该会对彼此的话题不再感兴趣了吧。

可是我们再聚在一起聊天时，她聊一聊她的家庭，我聊一聊我的学业和工作。我们彼此交换生活的信息，也不觉得无聊。

一个我最爱的姑娘，告诉我她现在的生活现状，我为什么会不感兴趣？

她说抚养孩子很辛苦，我就心疼她，要她多注意身体。

我约她去逛街，就做好了帮她抱宝宝的准备。我想和她约饭，就预见了吃到一半就要回家看宝宝的匆忙。

朋友的生活我不一定要体验过才会理解。我不需要理解，我需要的只是倾听和支持。我正在经历的人生也不需要好朋友们的感同身受，他们只需要为我加油鼓气。

不管两个人再怎么不同，我们还是彼此最爱的那个姑娘。

我不允许我们之间变得生疏。

就像在电影《老炮儿》里，六爷去找洋火儿借钱，还没寒暄到提出“钱”这个字，自己就因为放不下的敏感夺门而出。

六爷听不得对方架架子，洋火儿听不得六爷卖关子，都是这么多年的朋友，有话为什么不能好好说？

六爷维护自己的小面子，可洋火儿也委屈啊！毕竟不管过去还是现在，他依然是那个和六爷在冰面上一起冲锋的洋火儿。

什么生疏不生疏，和生活方式、生活观念统统没关系，全是你不肯说、我不愿听。

为什么我不允许你和我生疏？因为你是世界上第二个我自己。

我懂你的所有坏情绪，我想惯着你的时候就惯着你，不想惯也会责怪你两句。

你知道我所有的小秘密，别人威逼利诱，你就有可能说出去，因为你知道我不会埋怨你。

我找对象之前，肯定会让你先把把关，你看不顺眼，我可能就真的再考虑考虑。

你把我爸妈也当你爸妈，没桃园结义也孝顺到我竟然常常被比下去。

我们可以过着各自的生活，但是在一起时又和谐得让人羡慕。我们一起陪对方度过失恋、失眠、失身，甚至失婚的夜晚。

我看到所有有关友情的话题，想到的第一个人就是你，可能这就是友谊。就算和全世界都生疏，我也只想和你有话说。

在我们这里，“朋友会变得生疏”是一个伪命题。

人生不过几场利用，你又何必伤心

不知道你们怎么看待成年人交朋友，或者怎么看待突然有事才联系你的朋友。

有人说会觉得很伤心。觉得他们有事钟无艳、无事夏迎春，让自己很不舒服。

其实这些不舒服都没有必要。因为有些人的存在，就是为了彼此的相互利用。

就像有一次，一个平常不怎么联系的朋友喊我和她见面。去找她一次来回路上要花费三个多小时。这在北京很常见啊，交朋友的时间成本很高。

所以在这种拥堵型城市还肯见面的，大概只有两种了吧，一种彼此是真爱，见一面才安心；另一种就是因为工作不得不见。我没有主动约她，反而是她知道我换工作了，知道我最近又在写文，想让我帮她写篇免费的文章。

我想了想答应了，临出门之前，和我住在一起的好朋友说："你还真去啊，要是我我就不去，平常也不联系，张口就要你帮忙，你竟然也不生气，凭什么？”

虽然我有很明显的讨好型人格，但是并不代表我不会说no。我之所以答应，是因为我觉得这个忙我帮了，她现在的工作性质也可以帮到我。

我去了之后证明我是对的啊，她也给了我一些我需要用到的建议和资源。

是不是很现实？我就是很现实啊，而且我并不讨厌自己现在的现实。

因为我一直觉得，成年之后萍水相逢的人，尤其是工作上认识的人，总是逃不开一场相互利用。而且很多人认识甚至产生感情，就是从相互利用开始的。

我从内心认可这种相互利用的观点，还帮我减少了很多不必要的感性冲动。因为谁对你好，谁是过客，我们一眼就看得出来。对我们好的我们自然加倍回报，不会糊涂到最后，还要去演什么被冷落的戏码。

我们从小一起长大的朋友，或者用真心换真心的朋友，能帮就帮，没有回报也没有什么关系。

但是很多人来认识你，来和你接触，并不是因为想和你唠什么感情嗑。他们从一开始就是抱着单纯地利用你的心态来的。或是你的智商，或是你的口才、你的能力、你的工作性质，偏偏就没有感情成分在内。

想到这点，是因为今天我在朋友圈看到一个刚辞去公关工作的男生止不住地抱怨，说现在的人怎么这么现实。昨天还有一堆人找着我来报价找资源，今天消息一散，有些人也跑得太快了点。你们这么势利，你们自己知道吗？

他说，树倒猢狲散啊，真是群势利鬼。

其实，怪人家势利吗？

不要玻璃心了，不在职不谋事，你也要给人家再找你的理由呀。是你平常对人家非常好，还是你的工作平台对人家有用？是你本人总是无私去帮助人家，还是你只是正常地工作，却总是一副好像帮了人家大忙的样子？

我们非要在这种纯粹的寒暄与利用关系里，强行添上一丝感情的戏码吗？真的没有必要，毕竟这些人没有小时候一起长大的交情，也没有掏心掏肺的深层交流，只是打个照面说了两句话、喝了两杯茶，就去跟人家谈什么感情，未免要求太多。

有时候我想，我这个人还真是没有什么人情味，让朋友帮我画张头像都想着给他多少钱做报酬。

毕竟大家都很忙的。除非是那些感情深到根本什么都不在乎的人，才不在乎帮你个忙会耽误多少时间。不然，连上个厕所都要抽空的人，怎么会没事就来寒暄套近乎呢？

我没有鼓吹把所有关系都想象成这种互相利用。只是想说，很多时候，不要因为别人没有帮忙或者你帮了他的忙而他没有回报而伤心，这样的人萍水相逢少来往便好。

很多时候，我们需要把利用关系和情感关系分开，这样可能会好受一点。

我们可能在利用关系里发展出情感关系，但是就算感情不如你想的那么到位也没什么，因为和有些人的相处确实只不过几场利用，你又何必太伤心？

人生苦短，就要性感

到现在为止，我兼职做东方舞教练已经三年了。

我总结了一下上课时遇到的最大的问题，不是学生的肢体不协调，也不是她们记忆力差，最妨碍她们享受课堂的只有一个——放不开。

东方舞是一种非常性感的舞蹈，上课时需要把自己最女性的那一面挖掘出来。但是很多来上课的女孩子，不敢把自己的情感融入肢体里。不好意思正视自己的女性曲线，也不好意思在眼睛里展现一点点魅惑感。

而且，最明显的就是，她们在憋着自己。就算有感觉，也不肯展露："太性感了，我自己都受不了……"

所以很多东方舞教练在教课时，第一节课的内容并不是教如何把动作做好看。而是教大家，要真真切切爱上作为女人的自己，尤其是女人味十足的那个自己：柔软的肢体、如水的眼神、温柔的嘴唇以及丰满的情感。

总的来说，就是要你爱上自己最性感的那一面。

可为什么很多女孩子都羞于挖掘自己的女性魅力，不敢展示自己的性感呢？

在很多人眼里，性感和传统意义上的“好女人”就是背道而驰的。“好女人”要温婉大方，要善解人意，要温柔和煦，要含蓄矜持，要低眉顺眼，曲线要藏好，裙子裤子要过膝，嘴唇要清汤挂面，要老老实实，要平平淡淡。

那性感的呢？性感和好女人的标准相悖，好像就是美到具有攻击性，衣着暴露，身材尽显，搔首弄姿，言语放荡。

这些都是瞎扯。

只是很多人对“性感”这个词带有偏见。觉得性感只是不羁地露露露和无内涵地荡荡荡。把性感和淫荡挂钩的大有人在。

因为这种偏见，很多普通的女人害怕甚至讨厌性感的人，也害怕自己性感。把性感定位成了一个贬义词。所以我们看看那些电视剧，女一号都是禁欲主义的小绵羊，女二号都是散发性感味道的女妖孽。

裙子稍微短一点就觉得这样好像伤风败俗；妆容美了一点就觉得这样是不是有点过分招摇。我们很多人也一直拒绝正视那些自己也想要的好看，而且进一步排斥。

看《西西里的美丽传说》就知道了，玛莲娜这个女人长着一副有味道的模样，穿着精致，妆容美丽。走在街上，尽管低眉敛目，却仍会引来男人注目，还会引来女人议论和排斥，甚至后来还要被那些面目枯槁，自觉被她勾引了丈夫的女人们撕打。

她有错吗？没有，她唯一的错就是，毫不吝啬自己的美丽：你们都要被战争和生活折磨得和男人无异，我偏不能忍受没有红唇和裙角，因为我是一个女人。

其他人为什么这么讨厌她？如果怕自己的丈夫被勾去，为什么不让自己也朝性感迈进一步呢？反而要把她视为敌人。

看过一篇影评说得非常好："女人因为妒忌而希望在容貌以外的方式得到补偿，于是她们就自我暗示美丽的女子在道德方面必然存在缺陷。"

所以看到性感的女人，她们会不自觉地就把对方分类到"坏女人"的行列。然后既然性感的女人都是坏女人，那自己当然选择站在"好女人"阵营。如此循环。

其实，玛莲娜的美丽只是性感的一个小小分支而已，摆出来的性感也不叫性感。

真正的性感就是一件很简单的事，和品德无关。是从外表到灵魂，将自己女性的味道、女性的魅力自然展现。

性感的人不一定都是美人。但是知道自己哪个部位最美的女人，才有性感的可能。

比如我们平常上课时，一定要让大家欣赏自己：锁骨肩膀，腰肢小腹，或者是头发手指。自己最喜欢的地方凝聚着我们身体里最大的自信。当把感情都倾注到这些部位时，性感就是自发的，而不是刻意的。

我曾上过一个国外大师的集训课，我性取向正常，可是我简直要爱死她了。她不招摇也不高调，为人和蔼，甚至有一点和人保持距离的高冷。她跳舞时，她的眼神和动作，就能死死地把你吃住，把视线定格。就连一个小小的手势，都满是女性魅力，让你觉得，此生不这样做女人，真是不够纯粹。

她发掘且接纳自己的女人味，所以这种魅力也衍生到日常生活中，化身为她的性感，成为她的气质。

自信又自爱的女人才敢性感，了解自己的女人才有机会性感。

玛丽莲•梦露喜欢自己的身体，所以她不扭捏，她飞扬的裙摆才能变成她性感的标志。

斯嘉丽清楚自己的韵味，所以她的眼神迷离，满满都是性感尤物的信号。

安吉丽娜•朱莉最明白自己哪里最致命，所以她嘴唇轻启，吐出的都是不能抵挡的诱惑。

爱自己的女人，想不性感都难。

不过很多人也存在一种误解，就是性感这东西好像是给男人看的。要短、露、少，这样才能把这些部位显示出来。我不想给他们看，我就一辈子不需要性感了。

这是肤浅男人的自作多情，以及愚蠢女人的自我封印。

我们不需要用男人的视角来定义自己，用金星的话来说：

“‘性感’里的‘性’，绝不仅仅是床第上的‘性’，而是要用人‘性’中的一部分去支撑。性别也好，性意识也好，还有性格、兴趣，会将‘人’撑得饱满。这种‘性’带来的‘感’才是丰富的，而且不狭隘、不猥琐、不廉价。”

性感是一种举手投足，性感是有勇气做自己。

不是大胸、长腿、三围标准这么肤浅。却可以是超级名模卡尔的眉毛，Gigi 的肉感，舒淇的雀斑，王菲的平胸……只要自我肯定的，都可以变成性感的一部分。

我们热爱自己，甚至有无视世俗规则的能力。

就算穿得露又怎样，我就是想穿 V 领的衣服，我就是想露背，我想勾勒好看的线条，我想踩 12 厘米的高跟鞋，我想穿就穿了，我觉得自己好看，这就够了。我想这样去勾引你，也没什么不可以。如果你以为我对自己的身体不爱惜，那就有点可笑了。正是因为我太爱自己，才知道怎样美到给你一击。至于我的性感要不要迷倒你，我的风骚属不属于你，那要看我乐不乐意。

而正是因为我可以直视自己的女人情怀，就算穿成修女，我眼睛里的风情也足以杀死你。

所以支撑我们性感的并不是穿什么，不是脱什么，也不是傲人身材，强大的精神才是性感的真正内核。

精致向上，所以才不会允许自己在柴米油盐酱醋茶的雕刻里变成一个不修边幅的黄脸婆。热爱生活，所以才不会允许自己在乏味里一点一点发酵，变成一个不了解自己的平庸女人。追求自我，所以才不会封印体内对自己最真切的赞美，才不会压抑自己血液里天生的柔情。

我们可以保持身材，可以紧致皮肤，那我们就可以修炼性感。

不要害怕性感。

性感不是一件坏事，性感也是一种气质。而“高级的性感，映射在骨头里，她喝杯水的姿势，都能让你销魂”。

所以，别再觉得性感是坏女人的专利了。你的唇、你的眼，甚至你的酒、你的烟，当它们想要绽放时也别拦着。

人生苦短，我决定，想性感时就性感。

如果没有你，我大概早就坚持不下去了

北漂的人最烦什么？

找房！租房！搬家！

我目前已经搬了两次家。我第一次换房子，和我的好朋友逛了整整一下午，脚上磨了好几个大水泡。很幸运，我当天下午就找到了合适的房子。

我第二次租的房子比第一次住的大了好多，还拥有了一个小客厅。

租房的中介小哥说，哎哟，你们都可以在这里面打两个滚了。

呵呵，没出息。我们要在这里面打三个好吗？

交钱的时候甜妞问我："为什么我的心有一种莫名的悸动？"

我说："废话，工资的一半都用来交房租了，不是悸，是疼才对。"

甜妞说："一年了，我们终于摆脱小房子了。"

那这样算下来，当时我来北京整整一年了。

我曾想过，到底什么时候会不用和甜妞一起住呢？到底什么时候，才可以不用找一个人分摊房租呢？一个人住一个大屋子，多爽啊。

反正我是一个重色轻友的人，万一我谈恋爱，或者要带男孩子回家呢（我知道不可能，我设想一下不行吗）？

多不方便。

不过，如果真的要我和甜妞分开住，我还要仔细考虑考虑。毕竟，甜妞不光是一个和我分摊房租的人，她也是我在北京的支撑之一。还可以说，是我整个人生的支撑之一。

要这么夸张地表白吗？要啊！

今年是我俩认识的第十年了，人生有这样一个长长久久的还能和你住一起的知己，太不容易了。

很多事情你跟别人讲，他们可能觉得你神经病啊，Ta 却会觉得“你真是天才”。

很多事情你和别人说，他们可能会觉得真是要远离这个二百五啊，Ta 却会觉得“关爱智障朋友从我做起”。

很多事情你做了，别人看到了，他们可能会说“真是难以理解”，Ta 却觉得“哈哈哈哈，你有点白痴但是好棒”。

不用解释，不用讨好。

你动动脚指头，Ta 都知道你下一句话想说什么。你抽了抽嘴角，Ta 就知道身边的人，你看谁不顺眼。

简直是同性爱人，是另一种爱的 soulmate。

而且翻翻我们的通讯录和朋友圈，曾经要好的人，现在还有几个人没走？

谁还能在你难过的时候接上两个小时的语音；谁还能在你厚脸皮嘚瑟的时候不酸气；谁还愿意在你低谷不好弹起的时候陪着你；谁还有耐心在你失恋喝醉的时候给你拍拍后背？

你静下心来数一数，你就知道，还能听你胡言乱语的人，真是要好好珍惜。就算你不长情，又懒又冷漠，总有那么几个人，你得记着，这辈子，要死皮赖脸地缠着。

其实，我一直觉得好朋友能一直做好朋友的秘诀之一，大概是要互相比较。

讲真，有人说，好朋友之间从来不需要比较。我不认同，哪有两个人成年累月地待在一起，真的丝毫不受对方影响的？

好朋友之间要自动且主动地比较，才能更好地在一起。甚至能帮我们成为更好的自己。

像前一段时间，我和甜妞都说要减脂。我总是忍不住想来两块蛋糕，可是一想甜妞身材比我好，她还能管住嘴迈开腿，作为她的好朋友，我不能上街的时候比她胖上一个号，所以我也不能吃。

啊，我要和她一样美，我不能比她丑的。

而且我甜妞这么厉害，刚跳槽就升职。我也不能落后的，我也要拼命努力。如果她都月薪一万了我还是五千，我会很难过的，还会嘲笑自己是个“卢瑟”。

有人动不动就说迷失，说光看着别人的生活你是不会幸福的。

讲真，只看着自己的生活你更不会幸福。而且你得投入多少，别人才能迷失自己呢？别想太多。

我们不就是从好朋友身上反应自己的缺点，从他们的身上看到我们自己的不足吗？

我上大学的时候，认识两个男生。他们是一个宿舍的好朋友，其中一个是学霸，一个是学渣。学霸次次拿奖学金，学渣不挂科万岁。大家都调侃他们，你们真是好兄弟，一个冲锋一个断尾。

有一次学渣说，虽然是好朋友，我真羡慕他。

后来两个人一起上自习。学渣说但凡自己懒了，就想想他是我的好朋友。我不能到时候在一家特别烂的公司里联系他时，他已经成为CEO迎娶白富美了。不行，我俩得一起迎娶白富美。

圣人才能做到人淡如菊、心淡如水。我做不到，我就是要和我的好朋友势均力敌地站在一起。他耀眼我黯淡，我做不到。

不过就是对方耀眼的时候，自己别嫉妒过了头。

好朋友，是队友也是对手。

看奥运会期间被刷屏的马龙和张继科，大家都说马龙赢了比赛之后的比心，是比给张继科的。两个人一起训练，一起打比赛，互相帮助，互相支持，也互相训练。

你获奖了我祝福，你拿第一我鼓掌，下次我会追上你。

还有被台湾网友揶揄不懂球的刘国梁，还有越发发福的孔令辉。当年两个人和张继科、马龙一样，从小一起训练，一起打比赛。看着好朋友这么厉害，自己哪能落后，要和对方站在一个高度。

但是一样的，我们要比较，也要关爱。

当年孔令辉拿了冠军，刘国梁为自己没拿奖哭了一宿，孔令辉陪着他哭了一宿。

虽然都是大将，但更是好朋友。

所以啊，很多好朋友在一起的意义，除了相互支持，真的还可以相互羡慕，帮助我们完善更好的自己。

我们之所以能成为好朋友，还能一路走下来，因为我们价值观相符，对未来生活的憧憬也有着同样的方向。

很多时候，如果没有你，我大概也就坚持不下去了。

你要做一个让我羡慕的人，我也要做一个能让你羡慕的人，我们互相羡慕，我们势均力敌。

有你在，我才不想偷懒，我才不想消极。

有你在，我就不肯偷懒，我就不肯消极。

年轻人不用苦大仇深，有舞就跳，有酒就喝

有一段时间我觉得好累，想一想未来就会觉得很疲惫。以后会定居在哪里，买不买得起房子，买不买得起车子，工作到底会做成什么样，是不是真的像所有励志语录写的那样，有付出就真的有回报？

脑子里不断出现这样的问题之后，每一秒都觉得过得好沉重，人生的分岔路实在是太多，好像一不小心就会走错。

因为给自己的肩上加了太多担子，所以我那段时间总是让自己看起来很忙碌。最好时间可以连起来，24 小时轮轴转，好怕浪费每一分每一秒。

就连朋友喊我去看电影，我都拒绝："怎么能去看那部电影呢？那部电影不够热，写出影评来也没有人会喜欢看的。"

真是功利啊，连精神娱乐都不肯给了。

我最好的朋友甜妞说，这很当代年轻人。

她和我的状态一样，觉得在这个偌大的城市，早出晚归忙忙碌碌却并无安全感。总是想尽快抓住手里的一切，所以尽可能地

工作，好在年轻时多累积一些日后可以任性的资本。一点点也不敢松懈，像是生活的苦行僧。

原来公司的同事白白，是我们心目中的员工楷模。和她共事的日子里，她从来没有迟到、早退，任何事都做得细心、精致。她也很忙，白天除了上课，晚上还会自学英语。周六、周日也会参加一些英语课程。她把自己的时间安排得很紧，就连在地铁上也都在背英文单词。

说实话，我很羡慕她，因为一个人想要做出成绩，就是要耐得住寂寞。也要高度自律，我佩服她对自己规划的执行力。

但是有一天晚上，白白和我聊天，竟然表示了自己对这种生活的点点厌恶。

“我从来都不质疑自己的学习目的，但是有时候会想，这样紧绷是不是会让我错过太多。前一段时间我和朋友去唱歌，她们每个人都很开心，可是我不行，我满脑子都是我还没有享乐的权利。我应该看书，应该工作，应该赚钱。是不是有点太焦虑？”

白白说完之后，说实话，我有点不善良地如释重负。原来大家都有这样的感觉。在这个高压环境下，大多数年轻人都不会觉得轻松，原来这是一种通病。

感谢那晚我朋友还是坚持喊我去看电影，她说：“这次怎么也要把你叫出来，你最近实在是太紧张了。”

我很惊讶她会察觉到我的心态，因为我并没有向谁明确地表露过。

她说：“早从你的朋友圈、微博看出来了，晚上睡不着，一刷全是你的鸡血和矫情。”

她这样一说，我回头去看了一眼，忍不住笑了，果然我把生活过成了别人眼里的苦大仇深，还总是把最近生活的负面展现出来，忍不住卖惨。

“你放轻松一点，好几次大家一起来聚会你都没参加过了，上次喊你去聊天你也没有来。不要想那么多，规划有了，努力有了，实力也在慢慢提升，再怎么辛苦也要抽出时间享受当下吧。”

她说得对，生活有了规划，自己也在脚踏实地地做事情，不用有“不成功便成狗熊”的沉重。而年纪轻轻就把自己活得太过压抑，本来二十啷当岁，应该是一边尽享时光福利，一边为未来努力。但是只顾得上埋头苦干，充满焦虑，丢了享受，也不能称得上一场有趣。

如果真的有点累，不用怕，因为有一句话说得好，“当你觉得难，说明你正在走上坡路”。而我们要在走上坡路时，也要努力调解每一分难挨的寂寞，遇到的酒，遇到的歌，想喝就喝，想唱就唱。

我们要自律，要拼搏，也要自在，也要快乐。

有歌就去唱，有酒就去喝，用片刻的放松，调节正常生活的节奏。

世界很忙，
谁还有时间去失恋呢

失恋是世界上最痛苦的事情之一：

有女孩深夜不睡，“你能和我聊聊天吗，他离开我已经 89 天了，我还是很伤心，我不知道该和谁说”。

有男生不能释怀，“这是她和别人在一起的第三个月，我却做什么都提不起精神，我可能再也不相信爱情了”。

还有一个姑娘说，“我们分手一年了，他已经和别人订婚了，我觉得世界于我来说已经没有信任了”。

……

我曾经收到过伤感的留言一个接一个，很多人失恋已经不是一两天甚至不是一个礼拜了，还陷在失恋的阴影里，不肯出来。

这么久了，你说你走不出，你说你太痛了，你不开心；你把所有的矫情全都堆在了这个情绪上；你到处抓住可以倾诉的人，然后把伤口一遍一遍地扒开看——给人讲一遍，就重新扒开一遍，扒开一遍，就又痛一遍。

如此循环，那这样什么时候才能痊愈呢？

所以当你再提起自己失恋了，发现朋友们的关心和安慰已经开始失去耐心了，你就应该清醒了，你这个恋，失得太久了！

你要是已经在深夜失眠过，喝酒大醉过，打电话哭喊过，那就此打住吧，这些宣泄已经足够了。

韩寒曾说：“失恋的人的伤心大多不是因为恋人的离开，而是因为自己对自己处境的同情和怜悯。”

你的痛可能并不是因为对方走了，而是你觉得自己从此就要一个人了，可怜自己爱而不得、爱而不久。能治愈你的不是别人。

所以接下来，应该是你对自己的关注，也是一场驱散颓废的反击战，就算再痛也得战。

和孤单作战。

失恋不就是从两个人变成一个人吗？你轰轰烈烈爱了别人一场，接下来也该爱自己了。过去总是陪对方，现在陪陪你自己。

当时想要看的电影，因为Ta不喜欢没有看，那你现在可以看了。

曾经最喜欢的餐厅，因为Ta不喜欢再没有去，那你现在可以去了。

空余的时候喜欢打麻将，因为Ta不会就再没玩过，那现在没事可以去搓两把了。

喜欢攀岩、登山，因为Ta喜静就再也不怎么去了，那现在装备又可以出来晒太阳了。

不就是把丢掉的一部分自己，再找回来吗！找回自己绝对比挽留别人要简单，你总是取悦别人，现在该取悦自己了。

等你把所有喜欢的和想做没做的事做完，你就会发现，恋爱时的你离真实的你竟然那么远。

和不满作战。

Ta 为什么离开你，这个原因你一定知道，就怕你装作不知道，还总把原因推到对方身上去。

他嫌你身材不好，你就练。游泳跑步跳舞瑜伽，一个月不行两个月，练完了身条顺、曲线美。

他嫌你素颜朝天不会打扮，你就学化妆、学搭配。反正化妆这项技能是女人必备，气质佳、会穿衣的女孩不愁没人喜欢。

她嫌你没钱不上进，你就一个鲤鱼打挺去赚钱，去交朋友，去找机会。总比窝在家里以泪洗面要像个男人。

她嫌你懒惰无规划，那你就脚踏实地地做出一次成绩来。别每天无所事事还把别人不相信你挂在嘴边。

原来下过的所有决心，仗着自己被爱，没有什么实际行动。那就趁着这一次，化悲痛为行动力，好好逼一下自己，去提升去进步。

最怕知道自己哪里不好，还安慰自己真实得可爱，没关系，日后会有人喜欢这样不完美的自己。

你要做的事情还有那么多，怎么还有时间去失恋？

前几天看了一部电影叫《单身指南》，很喜欢电影最后的台词，“有的时候一段关系结束了，不代表爱就消失了。单身的时光需要你珍惜，因为在你单身的这段时间，也许一周也许一年，也许就这一刻，你真正地、完全地不被世俗的情感所羁绊。在那一刻，你只有你自己，真真正正地，孑然一身”。

只有敢于面对有所失去的自己，才能有所得到。而你将得到的，是一个全新的你自己，是一个 Ta 从来没有得到过的你自己。

那最后记住这句话，“独身万岁，失恋无罪，爱不够爱你的人才受罪”。

最受罪的，还有你总是放大失恋的情绪，却没有任何改变。

死心吧，
你真的做不了公主

我原来最喜欢的一句话是“女孩当自强，不做公主做女王”。

讲真，这句话足足支撑了我从高中到大学大概七八年的时光。而且当年我大一还用这句话去参选班长，面对我们班六十多个女孩子信誓旦旦地说出了这句至理名言。

我希望大家都和我一起把这句口号喊响！都一起来做叱咤人生的女王大人！我攥紧拳头一脸认真，像女王教的忠诚教徒。

然后，你问我当选了吗？并没有……

我永远忘不了当时我们班男生看我的眼神，真是充满了嫌弃，“这个女生活得也太 drama 了吧？做什么女王，正常地做个人吧！”而且可能我当时的杀气太重，雄性荷尔蒙井喷，女王没有当成，还被人喊了四年的纯哥。

回头想想当时真是有点傻，要是现在再拍拍自己的平胸，问问自己的心，女王和公主，你选哪一个？

我肯定立即、马上且毫不犹豫地选择做一个人见人爱的小公举！

女王多累啊！不能低头，皇冠会掉；不能流泪，坏人会笑。

可是我现在有时候比较草包，别人多挤对我两句，我就想沉默。懒得和别人争，觉得低头就低头了，也没少块肉。想哭的时候是真的很想哭啊，管他坏人笑不笑，我就哭了又怎么着，眼泪还能排排毒。

女王随时都要端着，保持着一种永远想征服这个世界的态度。要掌控人生，要掩藏情绪，就算害怕了也要坚持着，就算难受了也要忍着。

哪有做小公主舒服？

小公主可以任性，可以被人宠，可以正大光明地去小鸟依人。可以这辈子什么都不做，嫁给一个爱她的男人就有 happy ending。

看看《冰雪奇缘》里公主和女王的生活，公主可以遇到王子，而女王历经困难，得到的只有“坚强”这一个称赞。

不懂事时想做女王，懂事了想做一个小公主。

问问我身边的女孩，她们想的和我差不多。前几年还小，总是觉得自己要披刀带剑，要硬朗要坚强。可是现在长大了，只想坐在小花园喝喝茶、看看花，偶尔柔弱娇羞。

但是女王岂是说不当就不当的？没有那么容易。

一旦你一开始选定女王人设，小公主就离你越来越远。

就说我刚结婚的一个朋友，她结婚之前是做销售的。毫不夸张地说，一个月到手的工资有 10 万，可想而知她的业绩能力到底有多厉害。她的老公也不差，不差到可以让她放弃自己的高薪辞职专心做太太。她好开心，说辞职就辞职，因为结婚前太累了，真的好想休息，反正手里还有不少存款也不怕老公欺负，先享受一段休闲的日子试试看。

可是不出一个月，她就天天烦我，说怀疑自己有严重的自虐倾向——这种每天睡醒了去做做保养、逛逛商场的日子，自己真心接受不了。空虚，寂寞，觉得时间一秒一秒走起来一点意义都没有，度日如年。

于是前两天她终于忍不住又去复了工，开心到说要连请我们吃三天的晚饭来庆祝。

习惯了商场里的你来我往、习惯了手里握有权杖、习惯了做成一件事时的满足感与成就感，哪还能安心地睡在豌豆上？

用朋友她自己的话就是，“连钩心斗角都觉得可爱了，真变态”。

没办法。女王基因完胜公主愿望。

其实，很多人真的想要在一段爱情里做一个可爱的小公主，靠着自己的王子，什么都不用担心。

但是往往都失败。

我原来做舞蹈教练时的一个同事，就像很多女孩一样，独立，自主，有主意，有个性，不愿轻易屈服，对这个世界有让人佩服的韧性。她目前在一个省会城市里开设了一家很大的舞蹈工作室，业务从授课到演出，再到承包商业展会。她常常晚上两点还在外面搭舞台，穿着高跟鞋在冰冷的夜晚把路走得嗒嗒响。

她苦呀累呀，却从来不抱怨，毕竟这是想要成为一代女王的基本素养。

可她上一段感情的失败，却是因为她觉得自己不能在对方面前做一个柔弱的小女孩，自己没有被征服的感觉。对，对于女人来说，恋爱里的被征服感真的很重要，一个女人总是想要对自己的爱人仰望一点点。

她总是问我为什么谈恋爱这么难。

我只能回答她说，别挣扎了。

太独立、能干的女人，想要“被征服感”这种东西，从一开始就打错了主意。因为再强势的男人到你面前，你也只想让他单膝下跪唱着《征服》来爱你，别忘了，你是一个连口红都不会向对方张嘴要的人，你怎么会低头撒娇向他主动要点爱情？你又怎么能从对方那里找到被征服感呢？

而能主导你的人，你又不会轻易爱上，因为你还会自卑啊。觉得自己只有追得上他的脚步时，才配和他在一起。

所以偏女王性格的姑娘，还是找国王来组 CP，你的段位高就找段位高的，段位还在进修，就找一样仍然在进修的。

不要主导，谁也导不过谁；也不要征服，因为你本身就不是那种容易被征服的姑娘。

你要的，是感情里的一场势均力敌。

那再说回到底是做公主还是做女王吧。

公主也不好做，因为做公主要有资本：公主单纯，因为她不用经历什么世界的恶意；公主任性，因为有人帮她承担任性的代价；公主娇弱，因为她不用什么事都自己去争去抢；公主没有什么太大的欲望，因为她想要的都在自己手上。

公主就算刁钻也有一副可爱的模样，因为她生来就是公主。她想做女王的时候，却只需要向前迈上那么一小步。

而我们没有公主的命，就不能空有一身公主病，只能换一颗想做女王的心。公主拥有的东西我们没有，我们只能直接向这个世界要愿望，一步一步踏踏实实地向前走。

左手要权杖，右手要爱情。

想不到成长就是这样，兜兜转转，尽管心里一万个不想让自己那么辛苦了，却还是要女孩当自强。

没办法，做不了公主，就只好努力为自己封王。

太阳尚远，但必有太阳

当时一起学舞蹈的同门师姐终于要开自己的舞蹈工作室了，她谈起这件事时，有掩饰不住的激动。

师姐是两年前就有这个计划的。但她当时刚回国，对很多事情都不太了解，又加上刚刚开始创业，各方面的条件都不成熟。想了很久，这件事还是搁下了。

那个时候说起来还是挺遗憾的，因为她是专门放弃自己的工作来学跳舞的。一年的 gap 下来，从国外学到国内。专注让人飞速进步，她累积了不少舞台和授课经验，加上日益成熟的技巧和情感，觉得自己终于可以有做老师的资格了。结果实地考察后才发现，这个计划好像又不是那么可行。

那种感觉就好像，你追一个自己喜欢的人，马上就要追到了，可是突然发现，自己竟然并没准备好，无法谈一场长久且负责的热恋。

但这两年时间下来，她一直没有放弃过这件自己喜欢的事情。在她的朋友圈，有她一边工作一边下一字马练基本功的照片，也有时不时去热身小跳的小视频，还有经常分享的一些关于东方舞文化的文章。

终于生活、工作都差不多走向了正轨，她也恰好有了两个月的休息期，就开始着手舞蹈工作室的筹划，在周末时开班授课、举办舞蹈沙龙了。

但她现在没有辞职，经过这两年的沉淀，她觉得对她来说，全职去教跳舞并不是一个好的选择，她还是需要更多的事业角度，放下工作也并不是那么容易。她喜欢工作也喜欢舞蹈，权衡之后觉得还是要用工作来养爱好，能让自己的喜好成为生活里小小的一部分，就已经很开心了。

我们还有一个小师妹，她也是一边工作一边去教课，希望自己 30 岁的时候，能积累一定的经验和资本，不管在哪里定居，也能开一家工作室。可能实现这个想法还需要一段时间，但放在心里是个目标。

我突然想到一个喜欢的作家说过一句话，“太阳尚远，但必有太阳”。

本来舞蹈生活离她们越来越远，但她们还是凭着一腔喜欢，慢慢接近自己曾经的目标，就算不能百分百地投入，也因为一点点的付出，收获了百分百的快乐，也对得起自己曾经对这项喜爱付出的辛苦。我们曾经喜欢的事情，都是生活里的能照亮自己的太阳，虽然离我们可能很远，但是看看太阳，就可以充一点能量。

可以有一个喜好放在心里还能坚持不放弃，这是了不起的收藏，也不比夸父逐日轻松多少。

后来师姐说："纯纯，你也完全可以来我这里上课，周日几个小时而已。"听到这里我有些惭愧，因为自从开始工作，我已经近一年没有跳过了。我总是说自己没有时间，没有场地，又不想去赚这个钱，总之找遍了借口。周六周日就是要躺在家里，脚踝的力量没有了，腹部的肌肉也没有了，曾经的心血都已经差不多丢光了。我来北京时辛苦带来的半箱子的练功服和演出服，结果一次也没有派上用场。这次约好了，也不知道能不能坚持下去。

其实，我们身边像我一样的人绝对不少。

有朋友从小开始画画，整个童年到青春期都是和颜料有关的回忆，结果到现在都不怎么摸画笔。

有的朋友满脑子都是趴在黑白键上差点睡着的记忆，结果现在都懒得再掀开琴盖。

有的朋友晚上睡觉都是吊着腿疼到龇牙咧嘴，结果现在连踮脚转圈、跳跃落地都不再稳当。

有的朋友刚学习代码时大脑兴奋到彻夜不睡，为每一个顺畅的交互开心，结果现在敲一行下来都困难。

打鼓街舞弹吉他，写作唱歌做手工。

或大或小，可能你做过，也可能你连做也没做过，但这些都曾是信誓旦旦的喜欢。

有的人有本事能把喜欢坚持下来，有的人不能。像为什么薛之谦最近这么火，大家这么喜欢他，除了他有趣之外，大概也是因为他做了很多人做不到的事情——努力甚至拼命地为自己一生喜欢的音乐铺路。有趣的人，还要拥有有趣的灵魂才能有魅力。

放弃自己曾经特别喜欢的事情，原因有很多。可能是因为亲人眼里的不务正业；也可能因为是别人嘴里的浪费时间；也可能被填饱肚子耗尽了太多时间；也可能是发现其他更有利的事情；更可能是坚持了太久也没有出路，于是所有的喜欢，也变成了自己眼里的无用。

我们真的不再喜欢了吗？

并不是，我们依然喜欢，但是因为觉得这样的生活不会成为我们人生的主流，就用琐碎和功利的借口，把这个喜欢推得更远了。

也并不是每一个人都有师姐那样能有取舍地喜欢，也没有薛之谦那样有“曲线救国”的智慧。

总之，热爱就是一点点被自己磨灭，初心就这样一点点被忘记，我们终究沦为因为太阳很远就不再追逐太阳的人，然后抱怨生活无趣，生活无奈，生活残忍。

其实，是我们自己把很多“喜欢”丢下的，生活真是太冤枉，承担了很多罪名。

我们还是要在这个忙碌的世界里，守候那些能让自己开心和喜欢的事情，坚持一些有温度和有温暖的无用。

因为这些无用，偏偏都是能让我们快乐的一个起点——没有什么，比做着自己喜欢的事情更让人快乐。

第四章 用实力和这个世界对话

忘记自己是女孩，然后肆意撒野

有天下午我躺在家里休息，和几个关注我的朋友聊了一会儿天。

其中有一个女孩子叫薇薇，她说自己正在香港机场候机，准备去印尼考察原材料市场。

她说这是她第二次创业了，之前从没去过印尼，想到自己一个人人生地不熟的，还是有一丁点儿害怕。她问我：“人怎么这么矛盾呢，有时候觉得自己很勇敢，有时候觉得自己很胆小。”

她第一次创业，是和合伙人一起办了一个国际物流公司，业务正在一点点拓展，处于起步阶段。但是合伙人不够务实，总想从公司里拿钱。而财务都掌管在她手里，他觉得她处处卡钱，对她不够信任。再加上他总是拿她 1993 年出生的，年纪小又是女孩子来压制她，两个人之间存在很多分歧。

“创业公司起步很困难，我总想着追加投资，他总变着法子从公司里抽钱，既然合作成这个样子，不如把股份套现让给他。”

薇薇这个月 6 号卖掉了自己的股份，拿到了一些钱，家里人都以为她肯定要放个大假了，可这才没隔几天，她又准备出发再创业了。

“如果这次成功了，你就是我再创业的第一个见证人了。”

听到她说这句话，我觉得好荣幸。

大概是我天生爱折腾不安分，所以真的很喜欢这样的女孩子。尤其是佩服她们敢拼敢做，有胆识，不怕苦。

因为想法人人有，而有勇气把苦果含在嘴里等着咬到糖心的人，并不多。

不过薇薇也说，其实她有时候也会觉得好辛苦，经常熬夜，熬到月经紊乱什么的也是常事。

身边很多朋友羡慕她，觉得她年纪轻轻就已经做了很多。她苦笑了一下，谁人风光后面没点心酸呢。也有很多朋友跑来问她，怎么能多赚一点钱，怎么才能像她一样成为霸道女总裁？可是一接近她，看到她竟然这么辛苦，也都连连后退：“女孩子经不起这样折腾的。”

因为自己是女孩子，很多事情是不能做的，很多苦是女孩不能吃的。

而且我们平常也听到很多这样的话吧：

女孩子啊，干得好不如嫁得好。

女孩子那么折腾干什么，小心嫁不出去。

女孩家的，图个安稳就够了，刚刚好就够了。

……

这种话，不知道有没有挡到你的路。

我突然想到前几天发动的一个话题，说你想忘记什么。有一个女孩评论说，我想忘记自己是女孩，然后肆意撒野。

说得真好！说得真对！

我想忘记自己是女孩，然后在这个世界肆意撒野。

总是把女孩不能做这个、不能做那个挂在嘴边，记在心里，很多事情，也就真的做不了。就像薇薇的那些朋友，想成为霸道女总裁，却不愿吃霸道女总裁要吃的苦。还没有开始做一件事，就先想到了自己不能受委屈，越想越恐怖，连迈出去的第一步，都要缩回来了。

可我们是万人疼宠的公主吗？

是那种不用费一点点力气就能经历美好和精彩的幸运儿吗？

如果你是，你什么都不用担心，只管保护好自己一颗纯洁的心灵，在这个世界大肆任性。

可我们大部分人都不是。

想看彩虹，还是要自己踮脚。

这些年我结交了很多厉害的女生朋友，我很佩服她们，因为她们很酷。

她们有的年纪轻轻就已经成为畅销书作家，全国各地跑签售，再累再困也会微笑着跟每一个来看她的读者打招呼。

有的刚刚二十出头，就已经拥有一个自己的公司。过着每天都要头脑风暴，和合伙人争吵、和好，和好再争吵；被投资人虐；

被市场虐；身心俱疲但是觉得充满价值的日子。

也有很多三十多岁的姐姐，毅然从各种安稳的体制和体面的工作里辞职，投身另一场竞争，乐此不疲。

也有和我年纪一样大的姑娘，靠着自己一个人，在一个陌生的城市，从无到有。

比如梦月，她现在一个人开着两家属于自己的舞馆。

因为原来大学时从事东方舞培训行业，她认识了很多喜欢跳舞的姑娘。不过我和梦月并没有怎么见过面，严格来说还算网友，加了对方的微信，有时候互通一些资源，互相帮忙。

梦月前几天发朋友圈为自己的新馆招聘老师，我才留意到她又新开了一家舞馆。我问她是不是很累，原来只开一家的时候，我就看她常常会忙到很晚，干脆睡在教室。也因为教课太忙，顾不上吃饭，动不动就能瘦掉好几斤。

她不到20岁时就从家里出来，去我上大学的城市工作，从一个舞蹈小白，从一个助教老师，变成了那个城市里舞蹈培训行业的佼佼者。

容易吗？一点也不。

都是由一滴一滴的汗水积累的，辛苦全都含在成绩里：

舞馆的选址都是亲自反复挑选，和中介、房东斗智斗勇才确认的；

舞馆的装修都是一点一点和装修师傅磨合亲自监工的，要省钱要好看；

请不起老师时，一天那么多节课，全部是亲自来，直到嗓子哑到说不出话来；

喜欢她的学生，都是她靠着自己的真诚和专业，一个一个留下的；

遇上觉得花了钱就是大爷的学员，自己不能先想着委屈，而要先想办法让对方满意；

遭到恶意竞争的同行诋毁，还要时时刻刻拿出强硬的姿态去对抗；

……

有时候看她发状态，说自己能让爷爷奶奶过上好一点的生活了。有时候说今天会员姐姐给她带了饭，她觉得自己被爱着。

真好。

她现在拥有的成绩，都是她值得的，都是她应得的，而且她还会拥有更好的。

从独特到平凡，从平凡到独特，这是一个不需要身份和性别去验证的循环。不需要觉得自己的女性身份就该错过一点什么。

生活没有因为你是女孩子就少给你一些阻碍，但生活也没有因为你是女孩子而减少对你的馈赠。

有一句话要被说烂了：

No pain no gain.

这是真理，无关性别。

很多女孩，从不认为在这个世界，我们要因为自己的女性身份而失去什么。

她们很执拗，虽然也会有风险。

像我之前任职的那家公司，是一个比我大两岁的姐姐创办的。她是北京大妞，长得非常好看，家境不错，交往的男孩也都是富二代系列，留学归来，入职一家公司，一年时间月薪从四千做到两万。

按说这样就挺好的了，在公司里继续做下去，应该就可以安安稳稳结婚嫁人。但是她不行，偏辞职创业，发誓要把一个小公司做到风生水起。有很多人劝她，说这个行业不是女孩做的，但是她说："我大概有点女权主义，我就不信别人说女孩做不好什么。我说我能行，我就是能行。"

我见证过她的辛苦。

公司预算紧张，请不起UI设计师，自己从头开始学，熬几个通宵就能做得不比专业UI差。虽然是互联网公司但是要涉及自己不熟悉的传统行业，自己不太懂，就跟着人家学、跟着人家看，想尽办法和那些精明的生意人周旋。

我曾经和她一起去出差，去参加展会。在陌生的香港晕了好几天的方向，见识了很多，也发现了很多女强人，风姿绰约地站在那儿，像一道风景。

因为公司小，和大公司谈合作经常被拒，也因为老板是女孩子，谈判中总有一点阻碍。有一次她去和别人谈合作，对方也是内地人，但总是不怀好意地灌她酒。她叮嘱我一定要保持清醒，最后怎么样都要把她弄回酒店。

我看着她从清醒到有醉意，又紧张又害怕。我死死地看着她，把她给我的她男朋友的联系方式就按在电话盘上，保持随时都能打出去的状态。还好最后我找到一个司机把她拖到的士上带她回了酒店，顺利完成了任务。

那个时候我刚毕业，不得不承认，有时候女孩做事啊，因为性别因素，确实要艰难点。

但是老板姐姐教了我很多东西。她说要勇敢大胆往前闯时，更要学会自我保护。不过女孩子出来做事，真是太不容易，要处处小心。要看清这个世界上的坑坑洼洼，要保持清醒。

还要记住，真正的职场上、生意场上，才没有什么男女之分，都是弱肉强食，都是利益至上。男人能做到的事情，没有理由女人做不到。路上遇到坎坷时，你要忘记你自己是个女孩子，因为不会有人在乎。

不过就算辛苦、累，因为创业太忙从女神变成女神经，老板姐姐说，她还是要承认，拥有一家属于自己的公司，真是太棒了。

你毕业了，不管是去大城市闯一闯，还是在自己的家里做事业，你都要忘记自己是女孩，才能自信且坚定地跳出父母、朋友为你画出的那个舒适的未来图景。

你想做一些自己喜欢但是有挑战性的工作，你同样要忘记自己是女孩，才能勇敢且义无反顾地承担起自己抛出的义务和责任。

我们有时候要记得自己是女孩，可以为女性发声，可以为女性代言。要自我保护，要时刻自强。

有时候又需要忘记自己是女孩，什么嫁不嫁得出去，什么女孩子要安稳，什么 30 岁就是老姑娘……

我们来这人世间走一趟，因为自己是女孩，就看不到自己心里所向往的风景，得不到自己贪恋的美好的话，真是好冤枉。

“妇女之中，有画家、有战士、有诗人。”

我们啊，该勇敢的时候还是要勇敢，要忘记自己是女孩，然后在这个世界肆意撒野。

为什么你总是过得没有别人好

人生在世，有人的地方就难逃一比。不自觉地比收入、比成绩、比配偶。好像人生的幸福指数，都是在和别人的对比中才能得以提高。

但是看多了别人，一般很少有人觉得别人的生活不如自己，大家都会觉得为什么有些人的人生看起来那么简单随意？而这种简单随意让他们看起来如此幸福和舒坦？

有一个读者，曾经连续三天晚上都在跟我抱怨：“和我同时进公司的妹子们，我真的非常羡慕她们。皮肤很好，又会打扮，穿的衣服看起来又时髦又贵。经常出去玩。很多事情，她们说做就做了，也没有什么顾虑。难道她们的工资比我高很多吗？”

“为什么别人想做的事情，就能那么轻松地做到呢？”她抛给我这样一个问题。

我想了半天，发现我能回答她的是：“只不过是因为你把舒服的生活看得太贵了，自动就给自己提升了难度。”

很多人都是这样，觉得很多生活离自己太远，就自动设置了屏障。就像上一次我去理发店染头发，一个帮忙染发的妹子说，看朋友圈里有一个姑娘去济州岛了，真羡慕她，她好有钱。

旁边的顾客告诉她，其实去济州岛一点也不贵。她才意识到，原来自己也可以去。

在她的固有想法里，济州岛是出国，那一定就会很贵，自己一定去不起。

这些都是心态问题，有的人调节得好；而有的人太过于自我约束和自我放低，错过了很多有意思的生活。

吃饭看电影能有多贵呢？现在团购这么发达，去一次济州岛也很便宜，淡季时都花不到半个月的工资。

很多时候，这些让我们羡慕的生活，其实离我们很近。而我们连想都不敢去想。

当我们换一个角度来看，就完全不一样。

我认识一个朋友，她非常喜欢摄影，却买不起单反。但是买不了相机就用手机拍，琢磨了几个月，硬是让自己变身手机拍照大师，现在是大家聚会出行必带的手机摄影师。

上大学时的舍友，超级喜欢烘焙，人生理想之一就是开一家自己的蛋糕店，但是没钱去专业的烘焙班学习。她去学校附近的一个蛋糕房打工，有时候甚至不要工资，只为跟着师傅多学习一点，毕业时已经可以承包我们的毕业蛋糕。

一个男孩说想做自由撰稿人。真心热爱写作，但以他现在的条件，并不能辞职全职去搞创作，于是他利用每天下班的三个小时充电写字，坚持了半年，到现在已经小有名气。

我的表姐一度喜欢美甲，为了满足自己一个礼拜换次花样的心愿，自己一边上班一边自学，到现在不光能给自己换个花样，也能给周围同事画上很多不同样的，达到了专业的美甲师水平。

……

相信我们很多人都有一个小小的生活目标，但是为什么从来没有完成过呢？

看看我们周围人的生活，确实有很多让我们羡慕的地方——很容易就成了拍照达人；很快就拥有了蛋糕师或美甲师的第二身份，还能白天上班汪、晚上大作家地来回切换……

这些人是因为他们有充足的钱或者充足的时间吗？

都不是，他们只不过是有充足的态度。他们过得离自己很近，只不过是因为他们会生活，不被眼前的一点点阻碍遮挡。

我们真的不用再看着别人的朋友圈空羡慕了，你想要学化妆你就去学。没有钱交学费就看视频自学，拿自己练手。你想要穿得好看你就去多试，多看时尚信息，学会花很少的钱买很棒的质感。

空羡慕和吐槽是生活里最无效的环节。

高品质的舒服生活、有意思的丰富生活也不都是用钱堆出来的。

转变一下思维，我们真的也可以像我们看到的其他人一样过得好。

为什么我们
总是受人影响

作为一名意志不够坚定的作者，我的文章写作风格经常受别人影响。

好多次我的朋友都会吐槽我，为什么感觉你的风格一直在变换呢？有时候两篇文章放在一起，都不像是一个人写的。

我没反驳，我自己也觉得了。

因为在刚开始写东西的时候，我还是一个时时刻刻都有吐槽能力还会自嘲的腹黑少女。但是现在，好好看看我自己，都是一些矫情的情绪。原来都是鸡汤腹黑每天分裂，觉得什么有意思写什么，现在会考虑到大家喜欢看什么。

为什么总是飘忽不定？

因为太容易受别人影响了！

我关注了七八十个作者，每天会翻翻大家今天又写了什么文章。就算不点开，也会看看题目。小作者、小伙伴们写了文章也会分享到朋友圈，然后我也会浏览个大概。

因为总是关注别人，所以不管是文风还是逻辑结构，还是选题，多多少少都有点趋同。

之前我的一个小伙伴说，看大家写文章都用一个结构，尤其是爆文，好像都是一个结构啊。然后他自己也想试试，结果写了好几篇，都不如自己原来的逻辑结构舒服，写出来的文字不如原来好看。好像越是学习别人，越是受别人影响，就越不是那么如意。

听完之后我的内心不淡定了，因为我刚和另一个小伙伴说，我也要学一下这个文风结构。还好我因为懒，还没有去尝试……但是我的内心有无数次动摇……

当然不是说学习别人的优点是不好的，而是我们要知道什么才是适合自己的，不能一味受别人影响。这样就很容易失去自我，成了东施效颦。

很多人容易受到别人的影响，本来坚定的路都不知道要怎么走了。

就像原来跳舞，我觉得自己适合欢快的鼓点和疯狂的伊拉克舞。但看到别人跳古典风、芭蕾风也好美，大家都说这两种风格现在流行，我就跑去跳古典、芭蕾风，结果像一个假装柔弱的猴子，浪漫里都是搞笑的力量。台风突然变味，都是因为我没坚持自己，没有去坚持最适合自己的。

其实仔细想一想，总是受别人影响的人大概分三类吧：

第一，意志力不坚定。

这是很多人的通病。

就像今天本来你说你要去健身，但是好朋友说要去吃大餐，你架不住她们诱惑，就忘了健身房里紧身男们好看的胸肌和腹肌，跑去和她们长小肚子了。你都在内心决定了一天，今天晚上一定要早睡，结果大家说看个电影吧，你就把早睡的事忘光光了。

总是这样受别人影响的人，意志力几乎薄弱到透明。

第二，急于求成。

我们很多时候说，不要着急，该来的总会来。但是看到别人那样做尝了甜头，自己还不上不下很尴尬，就想要不也那样做试试吧。

比如同桌总是考高分，他的学习方法一定比我强，于是不加分析就生搬硬套，结果效率还不如原来高。

我们总是被急于求成的心，带弯了路。

第三，不够自信。

不够自信的人，最容易受别人影响。总是觉得自己做得都不好，别人做的什么都对。

比如很多人喜欢写字，结果别人说两句“你写的什么呀”，然后就此搁笔再也不碰了。有的人喜欢画画，别人说两句“画画的好像没前途”，画板就再也没见过太阳。

我们活在一群人之间，真的很难不受别人影响。但是我们还是要保证自己还是自己，因为总是吸取别人经验教训和意见的人，或是一味模仿别人的人，就算做得再好再理想，也是第二个别人，容易失去个人特色。

那如何才能不受别人影响呢？如果不想带着别人的影子，就先从这三个方面各个击破吧。

第一，意志力需要练，需要对自己狠心。

第二，急于求成的要把“心急吃不了热豆腐”默背一万遍。

第三，不够自信？记得每天醒来第一件事就是夸夸自己。

还是要记住这句话，有能力的人影响别人，没能力的人受人影响。

虽然简单粗暴，但是不会让你丢了你自己。

为什么有些人，天生自带鸡血气质？

我一个好朋友昨晚找我聊天，说最近觉得好累，觉得做什么都打不起来精神，为什么有的人就能一直那么有干劲儿呢？

我也忍不住想了想，有时候就是觉得，一个人的乐观和打鸡血简直是天生的。

就说我们共同的朋友张北吧。

有一次我们大家聚在一起吃饭，聊着聊着就聊到了房价。没办法，就算你跑到天涯海角，也要直面这个现实问题。很多朋友都说，天要亡我，我没有钱，这辈子算是买不起一套自己的房子了。一个一个都唏嘘起来，每一个人脸上都写满两个字——泄气。

那顿饭吃得并不爽快，像是一群失败者聚在一起开了一场声讨会。

可是在回去的路上，在饭局上没怎么说话的张北说：“其实我对买房这件事并不是那么悲观。他们说的买不起，只不过是在北上广这样的地方罢了。如果回到老家去，房价还没有那么恐怖，贷款还贷，豪宅入不了手，小居室也买不起吗？如果人真的要一套房子，并不是那么难，只不过是想要好一点的比较难而已。

“可是人就是要顺应时代，适应时代，既然你选择出来打拼，就要把这个结果都预料到，不是吗？要是想在北上广买房，就要有北上广的方法。说一句老套的鸡汤吧，有时间埋怨这个埋怨那个，还不如赶快让自己跟在时代后面使劲跑呢。这个时代挺好的，只要你不那么懒，生活也不会太亏待你。”

说真的，我本来也被大家传染了很多消极的情绪。可是听张北这么一说，觉得对啊，我们好不容易跨进北上广，就要在有限的时间里去感受这个世界的精彩，去抓住一切可贵的机遇。

抱怨是弱者的日常。

之前总是说，我们要和那些充满正能量的人做朋友，这真的不是说一说而已。他们打鸡血，喝鸡汤，也能让你觉得自己的血还热。

我认识很多这样的人。

他们的积极，总是不自觉影响你。

去年我刚来北京的时候，我在健身房里遇到一个健身教练。他向我出售他的私人课程，很热情，也不让人反感。私教也算一种销售吧，但是要很讲究技巧。在健身房里，很多人见到售课的私教，就要躲得远远的。这个教练不是，他特别能站在我的角度考虑问题，他真的想让你爱上健身。

套路和真心，不一样，我们能感受得到。

他就靠着自己的真心和热情，从一个小小的私教，一路做到了店长。

讲真，我在那个健身房待了一年多，整体氛围真是变化很大。之前，健身教练们都像混日子。可是自从他当上店长，他的店员，个个都像他一样看上去就充满动力——和每一个会员热情问好，和会员有耐心地交谈，就算不是自己直管的会员也尽量帮忙。就连地上有一丝纸屑，不用等清洁阿姨，都会立马被打扫干净。

这绝不是因为健身教练只热爱工作就能达到的进步，热爱和积极应该是一对双生花。教练也说，他要是坐下来低沉地想一想，自己的工作也挺无聊的。日复一日，什么工作都一样，你再喜欢的事情，连续做一年、五年、十年，也能做成不喜欢。可是就是要在琐事里藏下积极。所以，心态最重要。

有一句话说得好，英雄主义，是看透生活之后依然热爱生活。

成年人的生活哪总有“容易”二字？

其实，积极与热爱根本不是什么轰轰烈烈的事，就是生活中一点点的小事。在小事中还能自打鸡血的人，都是英雄。面对生活里的鸡毛蒜皮，能把鸡毛蒜皮熬成一锅热气腾腾的鸡汤，还可以分给周围的人喝，才是真本事。

要和天生自带鸡血气质的人交朋友。有时候我们极其需要他们的热情，需要感受他们乐观向上的情绪。在生活的洪流里，不被低头时看到的世界困扰，选择抬头享受生活的美好。只有这种可以坚持向上的态度才能帮我们走进新天地。

有人说，越长大越觉得这个世界的无趣和现实。有人说越成熟越懂无奈和辛苦。可是生活就是这样子，在现实里将无趣变有趣，在辛苦里将无奈变激情，这是每一个人都应该有的超能力。

在城市的钢筋水泥里行走，我们每个人依然要有英雄梦。不用轰轰烈烈，只要细水长流成一种积极，在一地鸡毛里变成看透生活却依然热爱生活的英雄。

我好俗，想当暴发户

我刚毕业参加工作的时候，一个大学同学和我聊天，她说觉得生活有些无趣，说现在的工作和生活离自己的梦想太远。

她问我，我的梦想是什么。我想了想说，我好像没有梦想。她说，那你说说你的目标。我说我现在的目标，就是当一个暴发户吧。

她沉默了好久，说，你好俗……

我也沉默了，因为我，真的很俗。

说实话，我买过彩票。那个时候彩票还不需要去门店里买，手机就能买了，我不懂，随便选几个号就付款了，然后想起来的时候已经开奖过去好久了，一次没中过。只是没买几次，网络支付就被封了。

后来我试过炒股。我觉得说不定凭自己运气好，就能选一只潜力股，一飞冲天，然后银行卡的余额噌噌地往上涨。但是因为存款太少就没什么行动。现在上班又很忙，也没时间去操盘。炒一个潜力股不如交一个潜力股男朋友更靠谱，这件事也就不了了之了。

其实我运气很差，可能是天生无运气体质。比如从来没有捡过钱，从来没有中过什么奖，去商场消费满额抽礼品，抽的从来都是一瓶矿泉水……

但是这依然不阻碍我对成为暴发户的向往，有钱挺好啊。

后来，那个女生又补了一句："其实我挺好奇的，像你一个女孩子，老想着有钱呀、发财呀这样，就不怕被人用有色眼光看吗？毕竟大家不喜欢财迷吧，会觉得你势利、世俗、不够单纯、不纯洁，这样会影响你找男朋友吧？也会影响大家对你的印象，你别这样了。"

我都不知道要怎么回答了，我不就是想有钱吗？

不是说好了有梦想谁都了不起的吗？怎么想成为暴发户就不纯洁了？

我不觉得想有钱是一件丢人的事，而且我现在的状态除了好好生活，还需要脱贫致富。

成为暴发户的办法有很多。但我基于对自己属性的考虑，也只能希望自己有朝一日有能力写出一本畅销书来，然后坐拥百万版税。要不就指望我老板能当暴发户，顺便发一点钱给我了。而把希望寄托在别人身上，这个不确定因素太多，和买彩票无异，所以只能等一次"爆发"。

至于俗不俗的——反正我是俗人一个，目前还没有那么多情怀可以讲。不过总有人活在自己的幻想里，活在自己的纯净里，就觉得别人被污染了。

世界本来就是一个染缸，我没打算把自己打造成一个不食人间烟火的小仙女。我的七情六欲重，我的样子也不够有仙气。没事，我过得挺自在，没有单纯的公主命，也不想说什么纯洁的公主心。

其实有时候大家会被“俗”这个字限制，怕自己太俗了。

比如说，你朋友借了你的钱总不还。你想着别这么俗了吧，想要钱又不好意思催，默默地那么多心理活动，对方也一概不知，但是亲兄弟明算账的人过得比你轻松多了。

比如说，一个关系一般的朋友找你帮忙。你想着应该明码标价呀，毕竟谁的时间都是宝贵的。但是你又一想，太俗气了吧，大家好歹朋友一场。只是你做的时候又满腹牢骚，后面还要跟人去吐槽。

总是刻意去避免，也会不痛快。

昨天我看见小狼写了一篇文章说自己就是爱钱。起因是他在自己的公号里发广告。很多人说，想不到你发广告哎，想不到你也不能免俗。

我不知道这种俗为什么要免，作为一个需要钱的年轻人，需要钱租房吃饭坐车，谈恋爱孝敬父母，还要交学费，他每天熬夜写稿、运营、推送，利用自己的能力和资源赚了一点广告费而已，没必要上纲上线。

他就是俗了，但他没偷没抢没坑蒙拐骗，他俗得真实可爱。

想像他一样俗，还需要实力好不好？

而有些人为什么看起来“不俗气”呢？大概只有两个原因吧：

一是他真的看破红尘世俗，能做一个“遗世独立，羽化而登仙”的人。

这样的人很少，绝大多数人还达不到这个境界，很多人也只是装大尾巴狼。

二是他很有钱，已经可以脱离“看起来俗气”的阶段了。

经济基础决定上层建筑，他已经走过了俗气的那一步，能够站在俗气之上俯视我们了。这和电视剧里的小妖精修炼一样，先修炼好的那个就能成仙，那成仙之前也是妖怪，不是吗？

至于俗气和雅气能不能并存，我觉得可以。

在我目前有限的认知里，我觉得所谓的“诗和远方”还有“苟且”并不矛盾。难道说我成了暴发户，我就不能有文化和情趣吗？我就不能当一个有追求、有思想的暴发户吗？

我觉得能。

有天我下班回到小区，一个女孩子走在我前面，特别激动地讲电话。

能听得出来她特别着急，一个劲儿地在说：“你别哭了，你别再哭了，我们赶紧把这个问题解决掉。行了，你也别再老是说这件事怎么发生的了，我们现在最重要的是解决问题，好不好？”

她一直在安抚对方，听起来好像电话那边的人和客户的沟通出了问题，本来早该要发出去的货，现在还堆在办公室里。

女孩安抚了电话那边好几次，应该是无果，最后她发了火：“你别哭了，也别再老是念叨因为什么没发出去了，你讲了好几遍了，我们现在来说一下解决方案，行不行！”

她开始和对方说了几句解决方案，但是太遗憾了，我要转角，后面也没听到。

我还是很佩服这个女孩的。

因为不是所有人，都能在遇到什么问题时，可以强压害怕、慌张之类的坏情绪，想着赶快着手解决问题。

又想到好几次甜妞在家里打电话打到发火。

大家都知道，甜妞是做境外旅游的，旅游涉及的事情太多了，从机票到酒店，从护照到签证，从导游到行程，事无巨细，她都要考虑到。但是还是抵不过麻烦事太多，每一次都足够着急上火的。

有一次一个在东京接团的导游接到一半突然说不接了。那边的地接社的 boss 也说这个活不干了。因为顾客一副花了钱就把自己当大爷的样子，让导游拎箱扛包就算了，稍有点不满意就骂导游是废物。

地接社的 boss 说，这两个客人他不接待了，不能让自己的员工受这个窝囊气。

甜妞这边一听到这个消息就有点着急，尤其是负责这个项目的姑娘。姑娘一直重复，这都是事前已经沟通好几遍确定好的，自己也亲自打电话和那个导游讲好的，也觉得这个导游还挺靠谱，怎么能说不接就不接了。

姑娘不知所措一个劲地问甜妞，怎么就能发生这样的事情呢？又一直念叨，如果当初找另一家地接社就好了，早知道就找另一家地接社了。

说着说着姑娘就哭了，说为什么做旅游有这么多破事，说自己承受不了要去辞职。

甜妞说：“我才是真正要崩溃的那一个，我才该要辞职，好不好？既然事情都发生了，一直念叨也没用啊，赶紧想办法解决才是。”

在姑娘纠结自己要不要辞职的时候，他们部门的其他同事和双方调解不成，又赶紧联系别的地接社，一直忙活到半夜，这件事才解决掉。不然被投诉，不但要返人家三倍的钱，还要背上差评。

到了半夜，那个姑娘还在忍不住打电话给甜妞哭诉，怎么就出了这样的问题啊，好想辞职……

还有一次甜妞接到一个同事的电话，她负责的一个顾客临要上飞机，才发现护照已经过期。同事在电话里说了半天，总是抱怨怎么其他同事就没发现呢。

一个建设性的解决办法也提不出来，还总是推卸责任，气到甜妞忍不住挂断她的电话。

可是没办法，事情总要解决，甜妞又重新给她打过去，告诉她一步一步要怎么做。

讲真，可能大家在遇到一个紧急问题时，第一反应都是着急。

回顾事情发生的原因，甚至一遍又一遍地解释想把责任撇干净。

这情有可原。

但真正应该做的，还是要想办法解决问题。

这个道理根本就不算道理，可能大家一开始都不懂，但是越往后走越要明白，对着一件让人抓耳挠腮的事情，抓耳挠腮根本没什么用。

我一开始也不懂，后来也是一步一步学来的。

我上大学的时候还在做舞蹈教练，有一次和一个舞馆馆主一起举办演出。我们策划了很久，排练了很久，也请了很多朋友，还请了很多有名望的老师。

但是在演出前几个小时，音响设备出租公司说自己搞错了，他们公司的大音响已经租出去了，现在只剩几个小的。我们试了一下，发现不管是音质还是音量都只能用垃圾来形容。

其实很小的一件事，那么多音响公司，网上一搜，挨个打电话过去，总会有人可以救急。

可那个时候，我的第一反应不是赶快弥补，而是想演出肯定办不好了，我要在这个圈子里丢人了，以后再也没有人和我一起合作了；我对不起排练的小伙伴，对不起我的合作伙伴；如果当时我换一家公司就好了；如果我之前多确认几次就好了……

这样的想法循环了好久，就差没哭了。

还好我的合作伙伴比我的心理素质强太多，强迫我冷静下来，去打电话，去解决。

现在想一想，多小一件事。觉得当时的自己，还是好稚嫩。

大概都是这样成长过来的。

签署的合同出了差错，我们哭半天，合同不会自己就完善。

送到境外的客户有点难缠，我们抱怨一下午，客户该投诉时还是要投诉。

音响出了问题，光着急没有用，该丢的人还是会丢的。

就算遇到再大问题，也要把负面情绪先压一压。

毕竟生活和工作里需要的，不是一个遇到一点小事就钻进沙土里去的鸵鸟。而是要有能力、有承受力，去迎难而上、去分析、去解决的小“超人”。

成年人终归不再是小孩子，在生活里总要学习如何一步一步自己扛起自己的大旗。我们也要懂得任何负面情绪，都换不来一点有用的怜惜。

尤其是女孩，很多女孩还是好脆弱。

我们别怕也别急，毕竟生活里满是我们意想不到的问题。也满是我们预料不到的坏情绪，发泄过后，还是要第一时间让理智落地。

毕竟这个社会，生存真的不容易。不管是在腥风血雨的职场还是暗流涌动的生活里，很多事，你扛得过去，你就是赢家。扛不过去，就换一个人来扛。

当然，我们也可以等扛完所有问题和责任，等着风平浪静后，再跑到无人区，或是蒙上被子大哭一场。

但是那个时候，就算有后悔甚至委屈，也早已经化成自己的能力。

也许那个时候，扛过去，你就真的不想哭了，而是好想褒奖自己——这一场小小的考验，早知道你可以，这次做得不错哦。

用实力
和这个世界对话

我准备和一个朋友一起做项目。因为我们两个年纪相仿，想法趋同，对于项目的看法和三观高度统一。商量了几次就一拍即合，这件事一定要做，必须做。

这个朋友很能干，虽然和我同岁，但她曾经是一家公司的CEO。和很多厉害的人都共过事，她的思路开阔，行动力和执行力都很强。我特别欣赏她，也很佩服她。

不过虽然项目想法一拍即合，但是和谁合作、怎样合作这件事，我们却商量了好久。初级阶段能向谁提出一起合作？怎样才能最大程度地去利用身边有限的资源？

不是车到山前泄了气，而是发现虽然认识很多大咖，虽然身边很多人的能力和资源都在我们之上，但是我们现阶段本身实力，根本和对方匹配不上。我们不敢贸然地申请和谁合作，因为合作要双赢，而我们还没有什么能给对方。

另一个朋友说，前期可以刷脸，没问题的。可是我俩一致认为，靠人情做事，始终不是办法。

从前不懂，总觉得做事情，请朋友帮忙，刷刷脸，攀下关系，好好和人家谈一谈，说不定撒个娇，就能成功地成为受助方。

但是越长大越明白，和这个世界对话，还是要靠实力。人情可以偶尔当作特效药救救急，但是只有实力才能永远被当作正餐。

我记得我上大学时在一家舞蹈机构做助教，那个时候馆主想要和北京一个名师合作，希望能请对方来我们学校做一场集训，帮助自己的舞馆提高知名度。但是和名师商量了很久都没有把这件事敲定，馆主找到一个和老师很亲近的学生，想让她在老师面前帮忙说一些好话，学员勉为其难去了，好说歹说，这件事也没有办成。相反，老师选择了另一家机构合作。

馆主特别着急，忍不住吐槽说："平常她总说和人家关系多好，怎么连这点事也搞不定，那个老师也是，有点太势利。"

那个学员表示特别无奈，私底下和我们说，其实关系归关系，我们平常交朋友大家怎么样都可以，可是利益也归利益呀。我们馆给人家提供不了什么，学员太少不能帮人家打名气，也没办法帮人家赚学费，实力不匹配，当然承包不了对方的活动，不怪人家势利。

确实啊，如果我们本身发展状态就很好，请对方来做集训，不仅可以帮助自己提高影响力，还能帮对方开拓市场，做到双赢的局面，那谁还会拒绝呢？

不是这个世界功利，也不是这个世界势利，这就是社会发展的秩序。我们本着一颗真诚的心交朋友，但是不能因为朋友交情，就妄图用感情解决一切问题。

有了这种理解，就能释怀工作和生活中遇到的很多事情。比如自从工作以来，有时候会陷入一种怪心态，遇到了比自己优秀的人，总是想要认识对方。有时候加对方好友没有通过，有时候给对方发信息没有获得回复等，就觉得对方不把自己当作朋友，特别生气，觉得对方怎么这么大咖呢？

像朋友圈里也有一个朋友经常发出类似的状态：“做不了朋友就算了，你是大厉害，我是小透明，等有一天我会让你高攀不起。”

讲真，说出这样的话来，还是有些幼稚。经常会有人用马云先生的事迹举例，说当年也没有人能看得懂马云的策略，不理解马云的思想，现在到头来，没有帮助过他的人还不是后悔得要死。

其实交朋友也分两种，一种是互相欣赏，另一种是互相帮助。欣赏要靠人格魅力，而帮助就是可以各取所需。他们没有义务去照顾任何一个人的情绪，想要和对方成为朋友，要不有让人喜欢的地方，要不就是能够用相等的实力站在对方面前。

但是真的不需要有什么明天高攀不高攀的心态，当我们能够用实力和曾经的人对话时，我们应该感谢自己的坚持和努力，无须记恨别人的忽视。

就算因为身份不同，在待遇上有了落差，也不需要太在意。

朋友说，之前她做 CEO，很多事情很多工作进行得都很顺利。但是不做 CEO 去另一家公司做员工，想和合作方谈合作都会被拒绝。因为他们更希望直接能和拥有话语权和决定权的人对话，这样更高效也更直接。

当我们理解这样的事情，在工作上、生活上就不会那么负能量。

说这么多，也是为自己拒绝过分求助其他朋友找了一个理由。不过很开心，和我一起做事的女孩在这一点上与我达成了共识，我们不会因为一件事想要急于求成就去欠下太多人情债，除了会有已知的碰壁，也怕还不起。

所以还是坚持先衡量自己，在想和对方建立关系时，也要考虑自己能给予对方什么。我们还是要用实力和这个世界对话，这样比刷脸更容易。

优秀的人
都长什么样

大家都被骗过。想当年披星戴月地学习，准备考试，把板凳坐穿，把初恋扼杀在摇篮里，每天灰头土脸却还满满动力，都是因为老师那句“毕业了，就好了”。

但是毕业了就真的好了吗？

毕业的人哭晕在办公桌前，根本不是那样子。走进社会的生活也是充满各种考验和挑战。而且这种考验已经不再是上学时的形式分数那么简单，反而变成了一种更为残酷的检阅。检阅我们是否一直有让人生优秀的能力，有这种能力的人，生活才能继续精彩下去。

我们身边有这样能力的人，绝对不在少数。他们的人生一直保持进修的姿势，这样才能不断维稳。

我上大三的时候在一家学校实习做语文老师兼副班主任，每天为了怎么和学生斗智斗勇绞尽脑汁。和我一起实习的妹子也同样苦恼，幸运的是她妈妈是一个特级心理咨询师，经常给我们两个做指导建议，让我们能和这些正处在叛逆期的孩子更好地交流。

每次听她讲完，我都觉得受益匪浅。但是更让我佩服的，还是她一直在这个行业里深扎下去。她家里的书堆满了一间屋子，她说心理咨询师没有那么好当，要多读理论，还要从各个方面验证理论。她家里还有一个屋子，专门用来放置心理咨询时所需要的“玩具”，都是下了大成本、大功夫。

即使她现在学有所成、事业有成，也从来没有在提升自己这方面间断过。有时候听妹子抱怨自己的妈妈：“就她在心理这方面花掉的钱，绝对能让我活得不错了。而且我和我爸，经常就被她扔在家里，她自己跑去天南海北参加各种研讨会、进修班。50岁的人了，就不能安安静静地去做一个广场舞老太太？”

虽然她的口吻里有一些小小的抱怨，但是我还是听到很多骄傲。当然也有一些着急，因为她有一个50岁还不安稳，甚至从头学英语的妈妈，自己压力实在太大。

这么多年的行业经验，已经稳定的行业地位，对很多人来说已经都知足。但是对要求自己人生一直优秀的人来说，有没有进步才是检阅标准。

还有一个大学同学，大学四年的成绩从来没有跌下过年级前三。在很多人唱衰大学成绩时，她依然稳稳当当地一路领先很多人。而且当我们还在磕磕巴巴地啃六级时，她已经考过了托福。

我们很多人特别羡慕她，觉得如果都有她那样的成绩，我们早就该玩玩该睡睡，把生活过得惬意潇洒。但是她没有，她除了在学习上努力，还利用假期去参加各种实习和兼职，她很有目的地从两方面锻炼自己的能力。

老天不会亏待一直向自己要极限的人。她现在在一家外企，毕业没多久，就已经做到了让同级人依然仰望的成绩。

前一段时间入职了一家公司，里面有一个做事效率特别高的姐姐，她用了一年的时间就从基层做到了管理层。她的业务技能实在是突出。听公司其他同事讲，她对自己特别狠，所有做过的工作都会复盘。认认真真地仔细分析，还给自己建立了惩罚机制。她也是从各个方面去完善自己，一开始不会管理时间，就不断尝试建立时间管理系统。连坐地铁、打车这些零碎的时间，她都可以用来充电。公司要对外派遣业务，她不会德语，就连续几个月下了班赶去上课学习。

有的人一路走来，就是要这样严格要求自己。

人生能保持优秀的原因之一，不就是保持自己学习和付出的能力吗？对自己严格，才能有核心竞争力。

永远不要寄希望于做完什么事情就真的是到了终点，终点之前永远有人正在用力狂奔，这群狂奔的人都有一个名字——优秀。

原来真的
要做一个心机女才行

有一段时间我觉得自己特别傻，已经蒙到了一个新境界。

因为公司新来了一个女同事，她回家要和我搭同一线地铁。不过我们搭地铁之前要转一次公交车。但是有时候她和我坐一辆公交车，有时候坐另一辆。一个礼拜我从来没觉得哪里奇怪，每次都欢快地和她告别。

后来她终于忍不住问我，为什么你一定死等那一辆？我坐的那一辆明明也到地铁站呀。

我拿出手机查了一下，果然……

请想象一下我一脸不敢相信的样子，因为在公司快一年了，我只搭那一辆。有时候下班下楼晚一点没赶上正好的那一辆，要不就打车回家，要不就多站半小时等下一班。然而另一辆也到地铁站的公交车，发车频率很高，从我眼前呼啸而过无数次，我都没想着看它一眼，有时候等到心碎也没想着再搜一搜线路。

真是被自己蠢到笑出声。

想到一句话——傻人有傻福，而白痴没有。

傻人是说那些不玩心机、单纯善良的人。而不是我这种懒得动一点点脑子觉得什么都知道一点点就够了，或者什么都不用知道的人。有时候真的可以称得上白痴了。

我真的……已经不是一次搞不清楚状况了。在过去的那么多年里，很多事情都一直在状况外。就算知道自己不明白，也没想着去搞清楚。

比如吧，直到现在，我都不明白奖学金到底怎么评，平均成绩占多少，期末成绩占多少，综合测评又占多大比例。从来都是奖学金名单里有我了，我就很开心，没有我，我就羡慕嫉妒一下别人。

不是淡泊名利，也不是觉得奖学金成绩排名都不重要。

重要啊！可是我搞不清楚规则，还以为只要成绩好就可以。拿不到奖学金，还是自己成绩不行呗。但是多少个成绩一般的同学，每年都能靠着综合测评杀到前面去。他们有计有划，他们知道如何弥补、如何拔高，知道再参加几个活动，今年综合测评成绩就能上去，就连临时抱佛脚也知道怎么抱。

而大部分同学和我一样，迷迷糊糊，顺其自然吧。

再这样想一想，我大学能毕业也算万幸了。因为到现在我也不清楚必修课和选修课要分别修多少学分才够。我们宿舍能毕业也算幸运了，回头看看，整个宿舍真的只有一个明白人，她总是提醒我们该选课了，谁谁谁还差几门，如果不是跟着她，可能我们现在还会有几个人在修学分……

大家都觉得很多事情太麻烦，了解起来太费脑，不如就跟着别人。

有人可跟的就幸运，没人可跟而且自己还懒得去搞明白的，那就惨了。

很多同学最后因为学分不够不能毕业，还要再上一次大五……

我大学时认识的一个女同学，大四一开始要申请留学，填表时才发现自己绩点低得可以。但是在此之前，她从来没有在乎过这个数字。

她说和她在同一所留学中介的同学，从大一开始就已经很为这件事上心了。自己实在学不好，但是不缺勤，平时常常和老师沟通，课堂成绩搞好，最后分数也不会太低。

生活里也一样。

我还没有搬家时，常常依赖舍友，我们日常的水电费都是舍友帮忙交的。清洁都是她叫的管家和阿姨，哪里坏了也都是她叫维修工来维修。

我真的好依赖她。一年里，我从来都没想过这些水电煤气之类的事情，因为有我的好舍友搞定一切。

直到有一天晚上电费用完，突然停了电，我都不知道怎么缴费，甚至不知道电表盒子在哪儿。找了一圈终于找到盒子后，又不知道自己的用户号码是什么。

当时我又联系不到那个女孩，就在黑暗里等了很久。等到她回话，帮忙缴了费，我才有光去刷牙洗脸。

前几天我在工作上犯了一个错误，也是因为不管是公司的规章制度，还是一些最起码的职场规则，都没有了解清楚和明白。

我突然想到为什么很多人做一件事常常做不好了，因为只有想法和热情还不够，还要先弄清楚这件事的规则。

就像玩游戏一样，知道各种道具的用途，明白各种最普通甚至奇葩的规则，你才能在打怪升级的路上，顺利那么一点点。

所以为什么我们大学的时候要发什么看似无用的守则，里面的内容，就是我们想玩好大学的通关攻略。先不说学习成绩怎么样，暗黑一点，最起码你要知道，有人在你面前招你讨厌，你要怎么做才能又让他害怕你，而且你又不会受到什么处分也不会被开除……

毕业了工作也一样。

有时候犯错误，工作做不好，没进展，不是能力问题，也不是真的没实力。是根本没去研究甚至了解一下整个行业所处的环境和市场规律。

说到行业环境又有点大、有点虚，真要弄明白也成大家了。就往小了说，有的人在公司工作半年甚至一年，都不知道自己的公司到底是在开展什么业务，甚至连公司的作息都不明白呢。

大概人以群分，我有一个朋友在一个公司工作半年了，甚至都不知道公司是弹性作息……她为了让自己不迟到，已经半年没有吃过早餐了。

有人说这样迷迷糊糊的才是神仙状态，潇洒嘛。

讲真，活在状况外，只有真正不在乎的人才能潇洒。而在乎的人，很多时候到最后变成了假潇洒——事情已经成了定局，不潇洒也没办法了。

就像那个要留学的妹子，申请不了自己喜欢的那个学校就算了呗，上个别的。但其实心里懊恼得不行。

和我同届的朋友毕业时要考银行，但是她自己根本都没搞明白报名到底要些什么信息，那些信息到底要怎么填才对，结果连报名那一关都没通过。明明很珍惜这个机会，到最后也只能安慰自己，“没什么大不了”。

不然还能怎样呢？

只是明白人又真的太多了。

我工作时遇到的一个姐姐，没比我大两岁，已经自己在北京买了房，不是那种商住两用房。我好惊讶的，不是要交五年社保才行？她才工作两年。

她说因为她从大学的时候就决定要留在北京，要在北京安家。那怎么安？是不是要买房？还是要自己租房？买房的话，除了钱，还需要准备些什么？

真是佩服她，一个大二的学生，别人连学分制都搞不清楚的时候，她已经搞清楚了怎么获得北京的买房资格。她从大二就开始自己找代理公司代缴社保，所以毕业没两年，五年社保交够了，就买了一套小房子。

那个时候北京的房价还没有现在这么凶残。要是等她毕业了再开始攒那五年资格，五年到了，本来可以买个小一居的钱，也只够买个厕所。当然，像她这么早就有这样计划的人太少了。但是最起码、最基本的，该明白的事情还是要弄明白，尤其是一些看起来简单的小事。

比如上了大学就把学分制了解透，不然到时候毕不了业。没人会听你说，我以为我修够了。

去面试就提前把各种路线看清楚，不然迟到错过了机会。面试官不会听你说你人生地不熟。

第一次坐飞机，或者去一个陌生的机场，就提前把流程了解清楚。提前到位，不然错过的飞机，它不会为你飞回来。

在公司上班，除了知道几点吃饭，还要明白各种章程和守则。不然老板不会次次念在你是初犯而宽恕你。

和喜欢的人第一次上床就先学习一些性知识。不然真的怀了孕，宝宝不会因为你哭着说自己不懂啊就自动消失的。

还有，买了保险就弄清楚怎么理赔；贷了款就要了解多少利率、怎么还；刷了信用卡就记着哪天是deadline；搬了家要知道怎么联系物业、怎么联系保安……

讲真，这真的不是什么心机，而是一个人独立活在这个世界上最基本的智慧。

尤其是女孩，活在这个世界上，面临的困难，很客观地讲，比男性要多得多。你不清楚自己所在的位置，也不明白一些事情的界限，不懂很多事情既定的规则，怎么能活得潇洒独立呢？

当然有的姑娘，活一辈子也分不清楚香菜和韭菜，一辈子也不用知道怎么交电费。因为有人把她们从头疼到脚，也有人把她们的生活 720 度大旋转，事无巨细地都安排好。

但是你不行，你不能犯迷糊。还是那句话，有人宠、有人可依赖的，还可以幸运点。可没有谁会永远待在谁身边，也不会有太珍贵的永恒正好发生在你身上。

城市里进不来可以拯救你、骑着真白马的王子；实际生活里灰姑娘的水晶鞋都是需要自己买的 Jimmy Choo；比南瓜马车更现实的是自己的双脚；你不小心腾空降落时也没有会飞的超人给你公主抱。

该明白的事情，一定要明白。毕竟不是所有人都有资格做一个傻姑娘，不是所有任性都有人帮你担，也不是所有错误都有人帮你扛着。

而我们也过了把无知当可爱的年纪，我们不和这个世界钩心斗角，也不要妄想着去占谁的一个大大小小的便宜。我们的坦荡都是建立在了解规则的基础上，我们的潇洒也要根植于明白所有之后真正不在乎的好心态。

所以，就算有时候会麻烦，我们也还是要做一个能搞得清楚状况，可以自立自强自保的“心机”女孩。

越出丑，越有趣

有一次我和一个女性朋友结伴去玩狼人杀，狼人杀大家也在很多节目里看到过。这个游戏需要大家放胆去说，谁的逻辑好，谁能面不改色心不跳地把所有人骗到，谁就能达到自己的目的。

有时候一桌能到 15 个人，虽然不是所有人都认识，但是大家进入角色都非常快，气氛十分融洽。

不过我的朋友在和我结伴上厕所时说，为什么总觉得自己融入不到游戏里。很多话心里组织好语言了也不敢讲，不知道自己说得对不对，怕别人笑话。

“我好草包啊，虽然已经参加过好几次这样的局了，可还是好怕别人觉得我说得不对，觉得我是个‘垃圾’玩家。”她说她整晚都小心翼翼，所以这场游戏玩得并不像其他人那么开心。

我没嘲笑她，虽然她一直标榜自己要征服三里屯轰趴局……

可按她目前的心态来说，这应该不太可能了。连和陌生人玩桌游都这么怕出丑，这么怕错，怎么能玩得尽兴呢？

不知道你们有没有觉得，很多时候怕出丑、怕尴尬，是我们享受生活乐趣的最大阻碍。

就像上学时，你很想做班长，不管是觉得做班长威风，还是能在这个职位上学习很多东西。可能你连“如果我是班长我要怎么样怎么样”都计划得很周密，但是你不敢参加竞选，你怕自己惨败，怕自己出丑。

学校公司举办晚会，身边的人都很嗨。很多人都报名要去舞台上表演节目，你也很想去。但是你想了两天觉得还是算了，怕别人认为你自己很爱现，最关键是，万一自己才艺不精表演得不够好，好草包。

和朋友出去玩，不管是唱K还是游戏，所有人都能自得其乐，敢唱敢说。但是你总是忸忸怩怩，连独唱一首的勇气都没有，怕自己跑调，怕自己唱不好，整晚压抑着自己想要抢麦的冲动。

心理负担太重了，好像此刻做出一点点不完美，整个人生就毁掉。

我们没有那么多观众的。

其实大胆一点还比较落落大方，这样比端着憋着更讨人喜欢。

我在上大学的时候特别喜欢我们班一个蒙古族的女孩子，看到她我就认定少数民族女孩都能歌善舞，直接又豪爽。

大一那年中秋晚会，全班70个人第一次围坐在操场上，算是认认真真地第一次团建。晚会不是那么正式，大家自我介绍之后有才艺展示的环节。所有女孩子都别别扭扭不好意思走上前去，包括我自己，大家你看看我，我看看你，气氛实在太尴尬。

但是这个蒙古族女孩跳着舞就走到了中心，一支蒙古舞征服了在场所有人。又接着用一支爵士舞把大家的热情都调动了起来。音乐很嗨，这个时候好多同学已经放开了，当然也还有很多同学左脚颠着、右脚固定着，看得到他们想玩又强装淡定的犹豫。

其实不用太拘束，大家都一窝蜂地和她一起转圈圈了，这个时候谁会去纠结舞蹈有没有合上拍，动作够不够到位？

而且就算出丑了又怎样呢？

有时候你觉得“丑”的一面，在别人眼里也是可爱。

我大学舍友唱歌总是跑调，还能把大家也都带跑偏，可每次去唱 K 她从来不在意，想唱什么唱什么。我们会笑话她跑调吗？说真的，也会，打趣她几句就跟着她一起跑。要是她坐在那里一定要憋着自己想玩的心，想玩又放不开，那样才会觉得不舒服。反正又不是唱歌比赛，不需要那么多绝对正确。

越长大就越“不要脸”了。原来还会觉得自己可千万不能自我破坏形象呀，舞跳得不好就不跳，歌唱得不好就闭嘴，游戏一定要练到大师级别才去露面。但是现在呢，工作学习已经这么累了，平常做一个严肃的成年人已经很疲惫了，为什么还要在本该就放松和尝试的时刻追求什么完美？

所以我现在出去玩，超级喜欢和那些放得开自己的人在一起。很多人羡慕他们可以展示自己的真实和快乐，他们能带着你，大家一起给自己的心情做 SPA。

为什么有的人不爱出去社交？不是因为社交无效，也不是因为同去的人不熟悉，而是问题出在自己这里。如果自己是整场活动的低气压，那去或者不去真的没有什么大意义。

我们要有那种就算身边的人都是专业dancer，自己也能跳出一副九天玄女范儿的魄力。

当然，工作和学习也一样的，不敢当众发言，不敢作为代表讲话；觉得口语不好，英语课上就从来没有开过口；觉得肢体僵硬，舞蹈课上从来都请病假……

通通改掉！改掉！

不然你自己也不知道，你到底错过了多少有意思。

更多时候，别给自己太完美的人设，也别对自己要求太高，这样太过于较真的人生，该享受的乐趣一点也享受不到。

这可能是戒掉虚荣最有效的方法

苹果 7s 刚出来时，好多人都第一时间“剁手”“剁完手”就要“吃土”。

当时我和一个大学同学约会，我们逛街逛得快渴死了，说要买杯果汁喝。她说她要渴着，因为她现在已经穷得喝不起果汁了。

这不是打我脸吗？她工资比我高多了。

可她说她月初就把工资花光光了，都已经没钱吃饭了，信用卡还有一堆债没还，果汁已经是奢侈品。

我问她钱都花哪去了。

她指了指自己的大衣、包包、鞋子、手机。大衣两千，包包一千五，靴子九百九，6s plus 就不用说了。这样一个月的工资没剩什么了，房租还得跟家里要。

我心想，没钱你还敢跟我出来逛街？

但是同学一场，我还是决定请她吃点好吃的安抚一下她的胃。

“有钱难买我喜欢，反正你喜欢就行，买到心头好也不容易，但是下次注意节制点。”我客套性好意提醒。

不过她的回答让我只想翻白眼，她竟然说：“也不是喜欢，就是因为同事都这样穿。和她们去逛街，我又不想太寒酸，不想显得我穷，就买了。”

我不知道怎么回答了，因为和那些人比，她就是穷啊。

和她逛街的同事，年薪已经很高了，花一千块就像花一百。人家当然想要就买喽，或者不想要也买了。

那我们这种还需要租房、吃饭，刚毕业工资没多少又不是富二代的小穷鬼，谈什么攀比和虚荣？

她虚荣了三个月，总想置办行头要赶上同事朋友们的水平。但是比行头这件事有尽头吗？万一哪天马云哥哥和我们做了朋友，他分分钟开个飞机出去玩，难道他在天上飞，我们在地上追吗？

更何况，她说了好久要去报英语班学习。总说有钱了就去，但是有了钱没花在刀刃上，全用来搞这些花架子。

不过我们都容易有虚荣心，因为虚荣心真是太容易催生了。

我们大学时，学校离市中心很远。那个时候埋怨学校怎么这么偏僻，羡慕离商场特别近的学校。我舍友告诉我说，她朋友在那所学校，好多女生真的是每天只吃馒头，只为了能和别人一样买上大牌最新款。直到一个女孩子因为吃馒头营养不良晕倒。

如果不是因为真的热爱服装行业，那真是虚荣的程度已经成一个大写的夸张。

戒掉虚荣最有效的方法，就是饿肚子。

我大学时曾经和一个家里很有钱的朋友去逛街，我们一起去试了一件当时我消费不起的衣服。我朋友说这么美你应该买，售货员说这件衣服简直是为你设计的。虽然我并不是很喜欢，但是这种飘上天的感觉完全让人忘了，这件衣服是我近一个月的生活费。

买完那件衣服接下来的生活，真是，只能用“前胸贴后背”来形容。别问我为什么不和妈妈要，因为我不想让我妈知道我虚荣啊。

曾经我努力兼职了一个月，本来挣够了钱想去学点东西。但是当时同学都用苹果手机，我因为虚荣心作祟，硬是贴上生活费买了手机。买完手机之后的生活，还是只能用“前胸贴后背”来形容。

经历了几次这样的事情之后，我就慢慢知道克制自己的虚荣心了，因为现实里太过虚荣最直接的代价，就是饿肚子。

人人都爱美没有错，但是爱美就是和别人一样美？人人都热爱生活多美好，但是热爱生活就是他们有的我也要？

很多人爱美，是爱和别人一样美。很多人热爱生活，是热爱别人的生活。而让你饿肚子的，可能是几千块钱的包包，可能是几万块钱的电脑，可能是几十万的车、几百万的房子。

有些人说，你看他们真讨厌，不就是买个新包、穿件新衣服、开了辆好车吗？总是讨论来讨论去的，不就是嘲笑我没有吗？

我们真是不能玻璃心，那根本就是他们本来的生活面貌。他们没有显摆，没有炫耀，那些事就和我们早餐吃了豆浆油条一样平常。我们吃个豆浆油条是咸是淡讨论了一下就是显摆？

让人讨厌的，根本是我们自己过分的虚荣心。

就算总有那种穿得和别人一样，用的和别人一样，才会觉得不会穷酸的内心戏。冒着饿肚子的风险入手了，发现根本没有人在意，那多惨？

因为别人根本没有时间在意我们穷酸不穷酸，大家都忙着填饱肚子。

虚荣心是把双刃剑，我们可以把这些小小的虚荣心当作自己前进的动力，但是虚荣有度，别太过分。

这是好朋友
能长久的秘密

看到一句话，“我和我朋友之间保持了这么多年的友谊，有一点很重要，就是懒得互相指导生活”。

我觉得真是一句真理。

在这个陌生人见面两句不合就总想说服对方的年代，朋友之间不相互指导生活真的太难了。因为很多人都忍不住想把自己的价值观凌驾于别人之上。

拼了毕生的语言功力，只想证明一句话，老子说的是对的。

我经常在很多群里看到这样的争论啊，大家只不过是在聊天，只不过是网上的表情之交，但是说一些有深度和有歧义的话题时，总有人会觉得，你你你，你真是还可以再 low 到老家去。

然后他就会跳出来，想要三言两语来拯救你于不正三观的水火里，还跑来告诉你，“你不应该这样想，你迟早会怎样，你就是错的”。

然后几个人开始争论，争论不行就人身攻击。可能有一方退群，或者严重的，要不约个架。

遇到这样的人，都不知道该说什么好，总是躲在一边看热闹，还觉得他们好好笑哦。

你说要去站队？站什么队？有什么好站队的？别人说了什么话，干了什么事，与我没有半毛钱关系，我为什么要去点评，博一些可笑的存在感呢？

我觉得好朋友也是这样，不要总是去靠评论、指导什么来博存在感。

我目睹过两个原本是好朋友的人争吵绝交。一个女孩子说："你说你是不是有病啊，我买个衣服你说丑，我买双鞋子你说俗，我交个男朋友你让我分手，我考个研你还天天说我学校不好。"

另一个说："我就是觉得你衣服丑、鞋子俗，我就不想看你那么丑啊！你男朋友就是一个傻瓜，我觉得他配不上你！说你学校不好是因为觉得你考不上，不想让你伤心！"

第二个姑娘啊，她妈都不一定管得这样宽呢。

也不是什么说话方式的问题，就是只想把自己的审美啊、价值观啊、爱情观啊，让好朋友也同步更新。

有的人说，看她有一些不好，我还不能告诉她了？好朋友不就是相互支持、相互鼓励才能共同进步吗？

是啊，朋友之间是需要鼓励、支持和建议，但都是在没有对比的情况下去做的。而不是以自己为参照物，觉得自己是对的，朋友是错的。

那些来指导你的人，不都是觉得自己认为的才是好的吗？

其实，想一想啊，我们为什么会讨厌那些张嘴就胡扯的亲戚呢？不就是他们总是以自己的生活来对比我们吗？

如果我们也总是指导好朋友该干这个，该干那个，该什么时候结婚，该找什么样的伴侣，该什么时候生孩子，该生男该生女，该在哪买房，该买几套房，好朋友是不是得疯？我们和多嘴亲戚根本就没有区别了。

下次热门话题就不是过年回家如何对付亲戚啦，就变成：如何应对指导型人格的好朋友？

如何和指导型好朋友断交？如何碾压指导型好朋友？

有人说，不会的啦，朋友之间都是讲真话的，朋友之间就要有啥说啥。

可友谊是需要经营的，也是需要注意的。

我和甜妞从高中开始到现在，算一算也是七八年了。之所以现在没断交还能住在一起，就是因为我们不去指导对方该怎么做。

从小事开始，她觉得我东西放得不对她就自己放。我觉得她炒菜的姿势不对就忍着。每个人都有每个人的习惯，无须指导。

如果我每天都去问甜妞“你现在赚多少了，你赚的钱应该这样花，你男朋友是个什么鬼啊，你应该分手”；如果她每天都说我不能看韩剧，说我不能喜欢那个明星因为她觉得她是傻瓜，我想，她可能每天要忍不住打我 80 遍，我要忍不住摔碗 90 回。

什么也别说了，绝交啦。我不需要最亲密的人，也不希望有人总想凌驾于我之上。

所以我们俩一定要忍住啊，因为我还希望我俩能相互扶持到80岁。她替我收拾衣柜，我替她炒菜。

而这样的生活，维持下去的秘诀，就是不去互相指导对方。你活得开心快乐，我就快乐。

赚钱是
最深刻的修炼

“赚钱是最深刻的修炼”，这句话是我之前在微博看到的。博主是个财经评论员，他还说，“在你的人生没有赚到个几千万之前，你的所有爱好都应该是赚钱”。

很喜欢这句话，因为所有能把钱赚到手的人，都是深层的修炼者，不管是情商还是智商。而且这些一层一层去修炼的人，都能体会并享受在这个社会里慢慢站起来的乐趣。

因为赚钱可以完成最直接的自我满足以及自我肯定。

如果是找不到人生的目标，总是觉得生活无趣的年轻人，觉得迷茫，那绝对就应该清晰地甩给自己两巴掌或者浇一头凉水。然后只做一件事——正确地去赚钱，把所有矫情、忧郁和思考人生的时间都拿来去赚钱，去和自己较量。

说个最简单的例子，像在电视剧《欢乐颂》里那个一开始被大家厌烦的低情商、低智商邱莹莹，因为遇上渣男还被公司炒鱿鱼，央求爸爸能不能让自己回家，整个人低落到谷底。后来都认真工作又开了网店，把努力做好工作去赚钱的马力开动到十级之后，就算只成交了一单，也会开心地大喊，觉得自己并不是那么一无是处，像是自己战胜了过去的自己。

这不单单是电视剧，周围像这样，总是想太多做太少的人，或者吃过一点点亏就打退堂鼓的人，实在不少。

其实你的迷茫和挫败感再深，也抵不过你赚了一笔又一笔的钱拿在手里的快感。只要你还有赚钱的能力和本事，那说明你这个人就是有价值的。最起码是最最功利的价值，什么迷茫也可以被你去赚下一笔钱的动力冲散。

迷茫并不属于我们这种还要为生存努力的人。

赚钱可以让人活得简单。

有很多人动不动就对这个世界失望，对周围的人失望。就像有的人看不惯这个世界太势利，不管是树倒猢狲散还是怎么样，真是没有人情冷暖。这样的人总是对世界充满深情的要求，要求太多人情味也太累了。

我觉得人的成熟之一，就是用利益关系来看待周围人，这样更纯粹，更让人快乐。也就少去不少，为什么同是一个屋檐下、同是一个圈子里，谁和谁更亲近的疑问。成年人的陌生关系，用趋利来解释更合适。

像之前，我总是要被家里人求和谁多多走动、多多联系，因为Ta可能日后可以帮我很多忙，我很反感这种带有目的的接近。但是把赚钱当修炼之后，觉得去接近可以帮助我赚钱，那我就去，如果之前还带有很多感情色彩，那后面的接近更让我没有负担。

我不用在感情层面里小心翼翼地隐藏一点利用，而是可以更坦白、更直接，我用我已经有的作为交换。

而且冷暖最好自知，就像之前写过的一篇文章里说过的，我觉得“别人只关心你飞得高不高，却很少有人关心你飞得累不累”这句话最矫情了，何必来要求周围人甚至不相干的人来关注和关心你？你飞得再累，工作得再拼命，钱也只是进了你自己的口袋，和别人并无关系。你不给人家一分一厘，就不要希望除了亲近人以外的谁来安慰你、来懂你。

当你把赚钱当作日常生活中的常态，就会越少一些无用感情的要求，就越少烦恼，生活就能更简单。

赚钱确实是一项乐趣。

想了想，很多人可能就是这样的人，人生没有别的大爱好，就是喜欢赚钱。看着自己的付出一点点得到回报，是最享受的时刻。因为这样我不用把对自己的评价去交给别人。不是浑身充满铜臭，也不是钻到钱眼里，而是真正地像喜欢跳舞、喜欢看书一样喜欢赚钱，完完全全享受那种赚钱的过程和结果。

我想了想，为什么觉得在当时的公司特别和谐，所有工作都有干劲呢，大概也是因为老板也是这样一个人——人生乐趣就是赚钱。

当时那个公司的工作氛围异常美好，大概就是因为大家都喜欢赚钱吧。所以根本不在乎辛不辛苦，也不在乎是不是快要忙死了。没有消极怠工的，也很少抱怨不停的，一想到做完这些就有钱赚，好像也不是那么难过、痛苦。

而且我的赚钱乐趣还赠送新的乐趣。比如我去跳舞，除了想让自己身材更好一点之外，这种技能可以让我有钱赚，所以不管过程有多辛苦多累，只要想想结果，又掌握了一种赚钱技能，我就可以坚持，就可以开心。

至于那些到现在也不知道自己喜欢什么、自己爱好是什么的人，我真的一点也不能理解。如果你真的不喜欢看书，也不喜欢画画，不喜欢旅行，那你为什么不去喜欢赚钱呢？当你喜欢赚钱的时候，可能更多的喜欢就来了。

而赚钱为什么是修炼，大概就是要让你在这过程里一点一点看清楚很多事情，也可以一点一点地看淡很多事情。如何做人、如何做事，都将在赚钱的这种修炼里得到提高。而赚到钱之后的空虚寂寞，是赚到钱之后才该考虑的事情。

不过想到这里，我又觉得博主说的话有一点点不妥，因为可能有的人就算赚到了几亿块，Ta 的人生乐趣，还是赚钱。